Carlos F. Gomes G. de Queirós

L'être des territoires existentiels

AF154878

Carlos F. Gomes G. de Queirós

L'être des territoires existentiels

Espace urbain (UE) : spéculations sur "l'être là, dans le monde" à l'ère du néocapitalisme fluxionnel

ScienciaScripts

Imprint

Any brand names and product names mentioned in this book are subject to trademark, brand or patent protection and are trademarks or registered trademarks of their respective holders. The use of brand names, product names, common names, trade names, product descriptions etc. even without a particular marking in this work is in no way to be construed to mean that such names may be regarded as unrestricted in respect of trademark and brand protection legislation and could thus be used by anyone.

Cover image: www.ingimage.com

This book is a translation from the original published under ISBN 978-613-9-64200-7.

Publisher:
Sciencia Scripts
is a trademark of
Dodo Books Indian Ocean Ltd. and OmniScriptum S.R.L publishing group

120 High Road, East Finchley, London, N2 9ED, United Kingdom
Str. Armeneasca 28/1, office 1, Chisinau MD-2012, Republic of Moldova, Europe
Printed at: see last page
ISBN: 978-620-7-37925-5

Copyright © Carlos F. Gomes G. de Queirós
Copyright © 2024 Dodo Books Indian Ocean Ltd. and OmniScriptum S.R.L publishing group

Résumé

Le présent futur du passé

L'homme ne voit pas l'univers à partir de l'univers. L'homme voit l'Univers depuis sa propre place. Milton Santos (1926-2001), géographe brésilien

Ce n'est pas triste de changer d'avis, c'est triste de ne pas avoir d'avis à changer. Barao de Itarare (Apparicio Torelly), libre penseur brésilien (1895-1971)

Sous l'impulsion des postulats classiques du physicien britannique Isaac Newton (1643-1727), nous vivions dans un espace tridimensionnel et le temps (social), compris comme une dimension distincte de l'espace, était si absolu que l'histoire de l'humanité serait la marche inexorable vers un avenir radieux. Cette idée était à la base des doctrines civilisatrices européennes, comme la conception des peuples primitifs qui devaient être "catéchisés", religieusement, linguistiquement et politiquement, afin d'atteindre les sommets de la vie humaine - qui, par coïncidence, étaient représentés par le mode de vie du colonisateur.

Avec l'avènement de la physique relativiste du scientifique allemand Albert Einstein (1879-1955), le temps a été intégré à la géométrie spatiale et nous avons commencé à vivre sous l'égide d'un espace-temps à quatre dimensions : le temps (social) a également commencé à être traversé, matériellement et existentiellement. Selon la relativité générale, le temps a acquis des possibilités étranges pour notre vie quotidienne. Par exemple, jusqu'à Einstein, le présent était "exactement maintenant", comme le définit un autre physicien, l'Italien Carlo Rovelli (Folha de S. Paulo, 02/04/2017, Caderno Ilustrissima, page 3), mais il a désormais une autre dimension, plus large. Traduire cette idée. Les physiciens appellent cette nouvelle façon d'interpréter le temps le "présent étendu" : "*Entre le passé et le futur d'une personne donnée à un moment donné, il y a une durée qui, à distance de cette personne, peut s'étendre sur des années. Il n'y a donc pas d''état de tout exactement maintenant'*". Le temps, intégré dans les dimensions de la vie humaine et non séparé d'elles, a élargi la compréhension de nos espaces, leur donnant de nouvelles perspectives et approches, de nouvelles significations. L'espace est aussi temporel.

Dans les "Humanités", comme les appelait le philosophe français Michel Foucault (1926-1984), encore connues aujourd'hui par beaucoup comme les "Sciences Humaines", un reflet possible de cette façon de représenter le monde a pu être, en parallèle, l'élaboration conceptuelle de processus dialectiques de lecture des temps historiques les plus variés. En d'autres termes, le passé a commencé à être lu à la lumière non plus, ou pas seulement, des récits linéaires du vainqueur, mais à travers l'optique, en un contrepoint souhaitable, de la majorité silencieuse qui a été longtemps immergée dans les vagues politiques et culturelles hégémoniques, telles que le philosophe italien Antonio Gramsci (1891-1937) les aurait peut-être classées. Le passé n'est pas "écrit" car il est le fruit de ce que nous apprenons de lui. C'est ce que nous ont appris des théoriciens comme l'historien français Fernand Braudel (1902-1985) et l'historien anglais Eric Hobsbawm (1917-2012). Ou, en termes plus populaires, comme l'a dit le libre penseur brésilien Millor Fernandes (1923-2012), nous avons un grand passé devant nous !

Les lieux ne sont pas non plus éternels et immuables, ils sont le reflet de ce que nous y faisons et de la manière dont nous interagissons avec eux, et cette conception est valable, d'une certaine manière, pour tous les lieux où il y a des hommes qui les observent, cohabitent et en font l'expérience, comme l'exprime l'épigraphe ci-dessus, de Milton Santos.

Dans un entretien avec O Globo (22/12/16 ; page 2), Maria Luiza Barreto, historienne et psychanalyste, parlant de ses recherches sur la guerre des Canudos à Bahia à la fin du 19e siècle, nous offre un petit exemple de relecture du passé. Elle a découvert qu'Antonio Conselheiro n'était pas analphabète et, grâce à une analyse documentaire, testimoniale et graphotechnique, elle affirme qu'il était psychotique (il avait des pertes de contact périodiques et/ou sporadiques avec la réalité), mais pas paranoïaque (ce dernier est un psychotique devenu chronique). Cette étude a été réalisée à l'aide des techniques de l'"anthropologie psychanalytique". Elle a également découvert qu'Antonio Vicente Mendes Maciel, entré dans l'histoire sous le nom d'Antonio Conselheiro, valorisait la connaissance et donc l'éducation. Le discours officiel, désireux de détruire Canudos et son idéologie, a ignoré cela et d'autres bonnes choses que Conselheiro a mises en œuvre, comme l'idée que les impôts étaient une extorsion du gouvernement central qui ne profitait qu'à quelques-uns. Prémonitoire, n'est-ce pas ?

Un autre bon exemple de relecture du passé. Les fouilles effectuées par les archéologues à Tlaxcallan, une cité-état des Aztèques au Mexique, déjà au XVIe siècle et, ce qui est important, en dehors de l'Europe (on pense généralement que tout ce qui s'est passé en termes de progrès dans les Amériques est venu des Européens), était gouvernée par un organe équivalent à notre Sénat, ce qui montre que la monarchie absolutiste, en Europe et ici, n'était pas aussi absolue qu'elle semblait l'être jusqu'à une date récente. On peut observer quelque chose de similaire dans les cultures d'autres peuples, comme les Zapotèques, également au Mexique ou même dans d'autres pays et lieux, comme le Pakistan (Folha de S. Paulo, Ilustrada, Ciencia, B6, 02/04/17).

Nous pouvons comprendre que les lieux de vie, du moins le lieu humain, se construisent historiquement, à travers l'appréhension de nos espaces de vie et la perception de nos temps historiques et culturels. L'imbrication de ces dimensions vitales est l'amalgame même de l'existence humaine, dans une conception qui s'apparente aux idées du philosophe français Jean-Paul Sartre (1905-1980), et qui est en même temps son pendant, en ce sens que les espaces ont besoin de temps pour se construire, physiquement et symboliquement, et que les temps n'ont de signification qu'humaine, comme l'ont déjà montré le philosophe allemand Martin Heidegger (1889-1976) et Milton Santos, s'ils représentent les processus spatiaux de la vie et s'ils sont la dimension à partir de laquelle ces espaces d'existence et d'expérience peuvent changer, en fonction des transformations de la vie (sociale) elle-même et de l'*être-au-monde*.

Platon (427 av. J.-C. - 347 av. J.-C.) et Aristote (384 av. J.-C. - 322 av. J.-C.), représentants de la philosophie grecque classique, ont affirmé que le présent est un moment coincé entre le passé et le futur, mais si l'on y réfléchit, puisque le passé est déjà passé, que le futur n'est pas encore arrivé et que le présent est un moment fugace... comment le temps existe-t-il ? Carl Gustav Jung (1875-1961), psychiatre suisse, disait que le temps est la perception que nous en avons. D'autre part, pour rester dans l'univers des dichotomies, quand on pense à l'espace, ou plutôt à sa dimension mathématique et donc à sa caractéristique cartographiable, le point, qui n'a pas de dimension, et la ligne, qui n'a pas d'épaisseur, sont les unités de base de la géométrie spatiale. Alors, si les unités de base de la dimension mathématique de l'espace n'ont ni dimension ni épaisseur... comment l'espace existe-t-il ? Dans ses "Confessions", Saint Augustin, s'appuyant sur Platon et Aristote, affirme ce qui suit :

> Comment ces deux temps - le passé et le futur - peuvent-ils exister si le passé n'existe plus et si le futur n'est pas encore là ? Quant au présent, s'il était toujours présent et ne passait pas dans le futur, il ne serait plus du temps, mais de l'éternité. Mais si le présent, pour être temps, doit nécessairement passer dans l'avenir, comment peut-on dire qu'il existe, si la cause de son existence est la même cause par laquelle il cessera d'exister ? (Livre XI, verset 14, page 244).

Nous ne proposons ici aucune réponse à ces questions, car même les personnes les plus sages, dans les époques historiques et dans les espaces géographiques les plus variés, n'en ont pas, mais plutôt une petite réflexion sur la façon dont les abstractions symboliques humaines sont essentielles pour nous guider à travers la matérialité du monde. Le contenu a besoin d'une forme pour le rendre visible et/ou perceptible à l'*être,* et une forme n'existe pas et/ou ne peut se maintenir sans le contenu qui lui donne un sens vital. La forme et le contenu sont tous deux le produit de l'imagination symbolique fertile de l'être humain, dans son processus de transcendance consciente essentielle du monde.

Xénocrate (396 av. J.-C. - 314 av. J.-C.), philosophe grec, avait coutume de dire qu'il regrettait ce qu'il disait, jamais son silence. Ce dicton populaire, tiré de l'Ecclésiaste (livre de l'Ancien Testament de la Bible, commun aux chrétiens et aux juifs), nous enseigne qu'il y a un temps pour parler et un temps pour se taire. Le passé, contrairement à ce que le sens commun nous incite à penser, "parle" beaucoup ! Nous ne l'entendons pas toujours, *c'est vrai,* mais *c'est* un exercice qui vaut la peine de faire l'effort de le comprendre sous d'autres formes que celles qui nous sont présentées, tant du point de vue individuel que du point de vue social. Le passé n'est pas écrit de manière définitive et n'est pas "révisable", car de nouvelles découvertes dans le présent peuvent faire apparaître des nuances théoriques ou même factuelles essentielles, souvent imperceptibles pour ceux qui ne peuvent échapper à la linéarité limitée de la pensée. Il serait triste, comme le disait Barao de Itarare, que nous n'ayons pas les éléments pour changer d'avis sur notre histoire, sur nous-mêmes. La recherche sur Canudos, mentionnée plus haut, en est la preuve. Les abstractions du présent nous offrent le luxe de pouvoir re-signifier le passé et les espaces humains qui, dans ce cas, finissent par acquérir de nouvelles valeurs, d'autres saveurs, des acteurs parfois improbables et inattendus.

La dimension existentielle de l'espace et ses temps historiques, dialectiquement perçus, construits et vécus, sont les unités de base, d'une certaine manière et dans un certain sens, de l'existence humaine collective. Des mécanismes pour une plus grande participation de tous à cette reconstruction doivent naître, fleurir et se répandre, sinon nous risquons de continuer avec des solutions individuelles ou même collectives qui ne résolvent rien, sauf pour le petit nombre de ceux qui, en tant que détenteurs du pouvoir social, en profitent, dans les bons et justes cas, pour ainsi dire, ou qui, en plus du bénéfice mentionné ici, en profitent aussi, même de manière illicite, dans certains cas, qui sont malheureusement de moins en moins rares.

Julian Barbour, physicien britannique, affirme que nous ne saisissons que les informations qui semblent nous donner un sens, même flou, de la chronologie. Pour Barbour, l'explication est que seuls les "maintenant" qui ont un sens logique sont choisis par l'esprit, de sorte que nous pouvons avoir plusieurs "maintenant" en un seul instant, mais nous ne percevons que ceux qui nous semblent logiques, ceux avec lesquels nous pouvons établir un lien entre les événements temporels. C'est pourquoi ce physicien affirme également que le temps n'existe pas, même si l'idée de mouvement pourrait être la preuve, dans un premier temps, qu'il est réel. Lorsque nous regardons un film au cinéma, les images fixes défilent sur l'écran et nous ne les voyons pas. Le principe est qu'avant qu'une image ne disparaisse de notre rétine, une autre lui est immédiatement superposée, réunissant les deux images. Nos yeux ne suivent pas le changement et nous pensons qu'il y a du mouvement. C'est une illusion. Certains philosophes et physiciens, comme Barbour, affirment que notre cerveau nous fait croire que nous voyons des images en mouvement.

En somme, pendant qu'une image est vue par l'œil et enregistrée par le cerveau, une autre est envoyée, c'est-à-dire que pendant que l'image précédente est encore vue et ne s'est pas dissipée, une autre est envoyée. Ainsi, entre les images enregistrées dans notre cerveau et celles que nous voyons ensuite sur l'écran de cinéma, il les organise de manière à transmettre l'idée de mouvement. Les instants du temps, dit Barbour, sont comme les différents lieux de la Terre. Comme le dit le physicien dans une interview accordée au journal Folha de S. Paulo : "*L'horloge serait comme un instrument de navigation qui vous indiquerait où vous vous trouvez sur la planète. À chaque instant, nous nous trouvons dans une nouvelle possibilité et l'horloge serait la preuve de l'existence de cet instant*". Il n'est pas étonnant que Jung ait dit que le temps est la perception que nous en avons. Le temps de la société industrielle est devenu le temps mécanique de l'horloge de l'usine, qui dit à l'ouvrier combien il doit produire pour que la machine du capital puisse l'écraser et réaliser le profit dont il sera exclu. Et ce type de perception se retrouve dans tous les secteurs sociaux. L'école, par exemple, qui est organisée en heures de cours, n'est-elle pas une institution qui dit aux enseignants qu'ils doivent produire "x" connaissances en "y" temps et aux élèves qu'ils doivent apprendre "x" connaissances dans le même laps de temps ? Cela ne ressemble-t-il pas à un système d'usine ? L'époque est différente de celle des tribus indigènes, plus en phase avec le temps des cycles naturels, pour ainsi dire. Cela fait une différence...

Le temps preТёгко est un présent qui peut être réinventé dans le futur, et c'est une possibilité supplémentaire de recréer le passé et le présent de chacun d'entre nous, dans le processus d'existence de la vie humaine en collectivité. La dynamique politique de la population et ses répercussions territoriales font bouger les sociétés et les transforment pour créer de nouvelles perceptions du monde et des modes alternatifs de vie sociale. En ce qui concerne les sociétés humaines, cette dynamique nous oblige à réfléchir à la recherche d'une société idéale qui, bien que nous sachions qu'elle ne sera jamais atteinte, doit toujours être poursuivie.

Toute utopie parle d'un avenir fictif, mais elle parle en fait des problèmes du présent, ce qui signifie que, pour un utopiste, peu importe ce que nous avons, ce qui compte, c'est ce que nous pouvons construire, en surmontant les obstacles. L'écrivain uruguayen Eduardo Galeano (1940-2015) disait que l'utopie est un horizon. Lorsque nous marchons vers elle, elle s'éloigne ; si nous marchons un peu plus loin, elle s'éloigne à nouveau. Ainsi, à la question de savoir à quoi sert une utopie, Galeano lui-même a répondu que c'est pour aller de l'avant. Un dicton populaire dit que "ceux qui reculent sont des crabes". Ne soyons pas des crabes, avançons vers l'utopie d'un monde meilleur, d'une ville meilleure. Nous n'atteindrons jamais le monde parfait ni la ville idéale, mais nous pouvons améliorer nos conditions d'existence par la recherche de cette utopie, qui n'est rien d'autre que la recherche du meilleur que nous pouvons faire et avoir pour nous-mêmes tout au long de notre vie. Voir le monde à partir de notre propre place, comme le philosophait Milton Santos, mais sans penser que nous sommes le centre de l'univers, est l'une des façons les plus agréables et les plus efficaces de le reconstruire, dans le respect et l'affection de la place des autres.

Chapitre 1

Espace urbain (UE) : à la recherche de nouvelles perspectives pour comprendre les espaces collectifs et intersubjectifs

Pour connaître la vérité, il faut imaginer des myriades de faussetés.
Oscar Wilde (1854-1900), écrivain irlandais

Les vrais analphabètes sont ceux qui ont appris à lire mais ne le font pas.
Mario Quintana (1906-1994), poète brésilien

BRÈVE PRÉSENTATION

Dans ce premier chapitre, vous trouverez quelques réflexions sur le concept d'"espace", tant du point de vue de la géographie que d'autres domaines de la connaissance humaine, tels que la philosophie et la sociologie, vous comprendrez l'une des perspectives sur la façon dont ce concept général peut être lié à l'organisation spatiale d'une ville et, enfin, dans quelle mesure un espace urbain peut être lié au concept de citoyenneté, en indiquant déjà la ligne principale de cette connexion qui, dans notre recherche, a été basée sur l'existentialisme.

DIGRESSIONS POUR UNE ANALYSE DU CONCEPT D'"ESPACE GÉOGRAPHIQUE"

Pour le philosophe français Henri Lefebvre (1901-1991), l'espace géographique est le résultat de la reproduction des rapports sociaux de production dans leur intégralité. Selon Lefebvre, la production de l'espace et du temps social doit être comprise non pas comme des concepts relevant de la Première Nature (matière et énergies), mais comme l'effet de l'action des sociétés sur celle-ci, formant ce que Marx appelait la Seconde Nature. L'espace géographique est, selon les termes de l'auteur, un espace social produit. Pour Lefebvre, l'hégémonie gramscienne s'exerçant dans sa totalité, sur l'ensemble de la société, l'espace social ne peut manquer d'avoir sa part de construction fondée sur l'hégémonie de certains groupes et classes dominants. Il montre que l'espace finit ainsi par servir l'hégémonie et que l'hégémonie s'exerce à travers l'espace, processus exacerbé par le capitalisme (Lefebvre, 2000).

Lefebvre (2000) se demande dans quelle mesure on peut "lire" un espace et l'"interpréter" et sa réponse est que, si l'espace est socialement produit, il peut avoir des formes de lecture idéologiques, c'est-à-dire qu'il s'agit d'un processus signifiant. Il y a, on le comprend, des espaces collectifs, dont la lecture dépend de la culture des gens, et des espaces subjectifs, qui ne sont rien d'autre que le résultat matérialisé et symbolisé des lectures individuelles et de groupe de ces espaces collectifs.

Pour Lefebvre (2000), chaque société produit son propre espace unique ; les villes ne peuvent pas être simplement comprises comme des collections de personnes et de choses dans l'espace ; elles ne peuvent pas non plus être conçues comme un ensemble de "textes" et de "discours" sur l'espace urbain ; c'est parce qu'une ville a sa propre pratique sociale et qu'elle est le (re)façonneur de son propre espace (social) produit. En d'autres termes, pour l'auteur, l'espace social est à la fois le continent et le contenu des relations sociales de (re)production.

Selon Lefebvre (2000), l'espace *de représentation est* l'*espace vécu* lui-même : vécu à travers les images et les symboles qui l'accompagnent et, par conséquent, c'est l'espace des habitants et des utilisateurs, mais aussi des professionnels tels que les artistes, les écrivains et les philosophes qui le décrivent. Pour Lefebvre, le perçu (qui est la base pratique de la perception du monde extérieur) est le résultat de l'utilisation du corps (mains, sens, organes sensoriels) et l'expérience corporelle suscite la sensation de perception, ce qui nous conduit à l'idée d'un *Espace Perçu*. *Et il est* important que le sujet puisse passer de l'un à l'autre sans se perdre, d'où l'importance de la relation diathétique entre eux. Lefebvre montre également que les représentations de l'espace sont imprégnées de connaissances (savoirs et idéologies mêlés) qui se transforment sans cesse et souvent de manière planifiée : c'est l'*Espace Conçu. Les* espaces de représentation sont donc plus vécus que conçus et, de ce fait, peuvent mêler idéologie et connaissance au sein d'une pratique socio-spatiale. Ce n'est pas un hasard si Lefebvre dit que s'il y a production et processus productif de l'espace, il y a histoire et l'espace a aussi sa propre histoire, fruit de la production sociale dont la pratique l'a engendré. Ainsi, l'auteur insère un quatrième concept : l'*Espace Approprié* (2000) - qui s'applique aussi bien au niveau concret, la matérialité des objets spatiaux comme le mobilier urbain, qu'au niveau symbolique, comme l'image intangible mais perceptible de la ville que nous construisons tous dans notre vie quotidienne, qu'elle soit construite par des actions interventionnistes ou par des discours politiques.

Les classifications de Lefebvre ci-dessus, ainsi que les idées spatiales de Martin Heidegger et Milton Santos (discutées ci-dessous), constituent le concept d'espace qui nous a le plus intéressés dans notre recherche. Lefebvre a également théorisé sur ce qu'il a appelé "l'espace différentiel", qui représenterait *"la possibilité d'un espace appropriable entre la valeur d'usage et la valeur d'échange"* (Lefebvre *Apud* Braga, 2007 : p.70).

Selon Ralfh Magalhaes Braga (2007), Milton Santos a tenté de montrer que La Blache et Jean Brunhes ont tous deux intégré des éléments d'analyse marxiste dans leurs études spatiales. Selon Braga, Milton Santos considère que l'élément marxiste dans La Blache était sa façon de *"traiter la relation unifiée entre l'homme et la nature, une nature déjà humanisée et les objets fabriqués par le travail humain modifiant la nature".* *Brunhes a utilisé un "marxisme positiviste" en définissant les faits géographiques comme productifs, improductifs et destructifs"* (Braga, 2007 : p.67).

Milton Santos a également déclaré que l'espace géographique pouvait être classé comme un *"environnement informationnel technico-scientifique"* (Santos, 1994). Dans cette conception, *"les objets sont à la fois techniques, humains et systématiques"* (Braga, 2007 : p.70). Braga rappelle trois des concepts spatiaux de Milton Santos : 1 - l'espace est rempli d'objets fixes et de flux de différentes sortes ; 2 - l'espace est le résultat de configurations territoriales et de relations sociales et 3 - l'espace est un système d'objets et d'actions humaines (2007 : p.70). Pour Milton Santos, l'espace géographique serait donc l'empire de la technologie. Nous sommes d'accord avec Milton Santos, mais nous pouvons étendre sa compréhension de l'espace un peu plus loin, ou du moins mettre en parallèle cette définition avec une autre qui englobe des aspects autres que techniques, comme la jouissance esthétique et/ou la formation de subjectivités urbaines, par exemple.

De nombreux problèmes sociaux impliquent, d'une manière ou d'une autre et dans une certaine mesure, des composantes spatiales. Benno Werlen, géographe suisse, a rappelé Emmanuel Kant et ses études régionales de la géographie, qui ont joué un rôle fondamental dans la construction de ce qu'il a appelé le monde des Lumières. Cependant, selon Kant, la géographie serait une science propédeutique (introductive et superficielle) et non une science substantiellement explicative du monde : elle n'offrirait pas d'explications spatiales pour les faits et les phénomènes, tels que ceux que Werlen appelle *"socioculturels"* (2000 : p.9). Ce n'est pas pour une autre raison que Kant a affirmé que l'espace et le temps étaient des catégories objectives extérieures à l'homme, *a priori* des abstractions plus vastes. Werlen estime que la géographie régionale traditionnelle, dans ce sens, est tombée dans des contradictions, tout comme le nationalisme et le régionalisme. Il écrit : *"alors que la version propédeutique de la géographie a promu la modernité de manière significative, la version scientifique - y compris la géographie dite régionale - était profondément attachée à une ontologie prémoderne du monde socioculturel"* (2000 : p.9). Selon Werlen, de telles conceptions rendent pratiquement impossible l'idée d'une science empirique de l'espace *a posteriori*, puisqu'il n'y aurait pas d'"objet matériel" spatial qui pourrait être vu ou touché, par exemple. Ainsi, *"seule une science a priori de l'espace est possible, qui est la géométrie et ne peut être la géographie"* (2000 : p.9) : personne ne pourrait localiser l'espace.

Ainsi, pour Werlen (2000), l'espace serait un cadre de référence théorique, car il ne renverrait à rien de spécifique, bien qu'il soit lié à tout. Le concept d'espace serait également classificatoire, puisqu'il permettrait au chercheur de décrire les choses et les phénomènes (appréhension du monde). Werlen se demande comment, une fois ces hypothèses posées, la géographie peut être acceptée comme une "science de l'espace". Selon lui, l'erreur a commencé avec Alfred Hettner qui, s'appuyant sur Kant et sa conception de la géographie comme science descriptive ou taxonomique (classificatoire), a utilisé l'expression "chorographie" (terme utilisé, selon Werlen, par Ptolémée pour désigner les études descriptives des lieux et des régions) pour désigner ce qui était produit en géographie. Et comme la définition de la science, pour Kant et les Lumières, est construite sur la notion d'"explication", les études chorographiques de Hettner seraient l'"explication" de la Géographie, qui deviendrait dès lors la science de l'Espace, au point que des géographes comme Bartels ont dit que la (soi-disant) science de l'Espace, la Géographie, serait responsable de la découverte des lois spatiales (Werlen, 2000).

Quoi qu'il en soit, Werlen (2000) considère que la géographie peut avoir ce qu'il appelle un "potentiel explicatif", mais il considère également que, pour qu'elle soit considérée comme une "science sociale", le rôle de l'espace dans ses études doit être modifié : au lieu de l'"espace" en géographie, Werlen (2000) propose d'utiliser l'"action" comme concept clé. Un autre auteur mentionné par Werlen, J. Pickles, a critiqué ce qu'il a appelé l'"objectivation de l'espace" et a proposé comme alternative l'utilisation du concept de phénoménologie, systématisé de manière quelque peu informelle, dans ses principes, pour ainsi dire, par le philosophe allemand Edmund Husserl (1859-1938), dont le postulat de base est que le monde est compris à partir de la perception que nous en avons, c'est-à-dire à partir des impressions des sens : nous cherchons le sens de ce qui nous est montré dans le temps et dans l'espace.

La phénoménologie peut être comprise comme le domaine de la connaissance humaine qui cherche à comprendre l'essence des phénomènes de la conscience et la manière dont elle appréhende les choses du monde. Selon Hegel (1770-1831), pour parvenir à la Vérité, c'est-à-dire à l'Absolu, il faut partir des transformations des idées et des choses qui nous entourent. Werlen montre ainsi que dans la conception de la Phénoménologie du philosophe allemand Martin Heidegger (1889-1976), l'espace ne peut être autre chose que la spatialité, la caractéristique de la présence, comme l'appelle Heidegger, qui fait apparaître le *"Dasein (être-ai)"* dans le monde, ce qui, comme le juge Werlen (2000), signifie que l'espace ne peut être un objet de théorisation et de recherche empirique. Revenant à J. Pickels, Werlen semble être d'accord avec cet auteur lorsqu'il affirme qu'une "ontologie de la spatialité" est nécessaire et qu'une fois cette idée immergée dans la géographie, nous aurions une "ontologie de la spatialité humaine" (Werlen, 2000).

Pour Heidegger, selon Werlen, " *la mise en ordre des entités se fait à travers les activités humaines* " (2000 : p.10) et les catégories de Temps et d'Espace sont présentes à la base même de la constitution du *Dasein*. Ainsi, conclut Werlen, l'espace ne fait pas partie du sujet, et le sujet ne l'observe pas et n'observe pas le monde comme s'il était " dans l'espace ", puisque, rappelant certains modes de pensée, l'espace n'est pas un objet identifiable dans le paysage, il n'est pas quelque chose de tangible et donc de cartographiable (Werlen écrit qu'il n'est pas un *contenant* newtonien) ; le sujet, pour Heidegger, est spatial et se spatialise lui-même par sa manière d'être et de vivre. À ce stade, Werlen se demande si la spatialité peut devenir l'objet d'une théorie de l'espace et, en s'appuyant sur les postulats phénoménologiques, répond à sa question en affirmant que

> ce que les géographes décrivent comme des problèmes spatiaux sont en fait des problèmes de certains types d'ague, des agues avec des implications somatiques et dans lesquelles les choses matérielles sont des parties constitutives. Le fait que le moi expérimente le corps principalement dans le mouvement signifie également qu'il n'expérimente le corps que dans un contexte fonctionnel et non en tant que tel (2000 : p.11).

La spatialité du corps et de ses mouvements peut nous aider à découvrir la spatialité des choses, autrement dit, comme le dit Werlen, *"la constitution du monde matériel et de l'espace est donc liée au 'je' qui expérimente, se déplace et agit"* (2000 : p.11). Pour cette raison, Werlen affirme que le corps est un moyen d'expression de la conscience intentionnelle et que la dimension spatiale serait, par l'intermédiaire du corps, la base de la constitution des subjectivités et, par conséquent, des intersubjectivités. Ceci est d'autant plus vrai, selon Werlen, dans la mesure où le monde commence à être appréhendé, comme le dit l'auteur, à partir d'une *"perspective centrée sur l'action"* et où l'espace cesse d'être un point de départ en soi (2000 : p.12). En conséquence, les études de géographie devraient se concentrer sur le *"sujet corporel""* (2000 : p.12). Comme l'explique Werlen, "le fait *que le monde social soit produit et reproduit par des actions sociales signifie que ce sont ces actions, et non l'espace, qui sont constitutives de ce monde"* (2000 : p.12).

Dans la perspective qui est la nôtre et que nous avons développée dans nos recherches, une science humanisée, pour produire empiriquement ses connaissances, doit se concentrer sur le sujet qui connaît le monde et agit sur lui, plutôt que sur le monde lui-même, bien qu'elle ne doive pas l'ignorer. Pour Werlen, la géographie humaine traditionnelle est centrée sur l'espace et, pour cette raison, la tentative est de localiser, dans ce qui serait "l'espace", non seulement les objets du monde physique (naturel et humain), mais aussi, comme il le définit, *"les entités sociales et mentales immatérielles"* de ce monde (Werlen, 2000 : p.13). Cette position traditionnelle de la géographie est peut-être, du moins dans la perspective que nous adoptons ici, difficile à réaliser, puisque l'espace, d'un point de vue existentiel, ainsi que l'*être et* sa spatialité, ont leur propre statut ontologique et sont distincts de la matérialité, bien qu'ils entretiennent une relation étroite avec elle. Seules les entités matérielles du monde physique peuvent être localisées et cartographiées, ce qui n'est pas le cas des entités immatérielles. L'*"Espace des images"*, ainsi classé, se situe au niveau de la conscience intentionnelle et intemporelle. Comme l'écrit Werlen, "*le concept formel et classificatoire d'espace (longitude, latitude, etc.) n'est pas adapté aux phénomènes sociaux et mentaux, subjectifs"* (2000 : p.13).

Ces questions de matérialité et d'immatérialité, d'espace et de spatialité, qui ont été traitées jusqu'à présent, ont conduit des auteurs tels que Werlen (2000 : p.13) à déclarer que la géographie se transformerait d'une science "*de l'espace et du régional en une science des implications régionalisantes des sujets qui connaissent et agissent"*. Pour ce géographe suisse, la géographie devait changer d'orientation et créer un nouveau cadre conceptuel. Par exemple, le temps et l'espace ont été quelque peu vidés de leur sens par certains acteurs, ou plutôt, comme l'écrit Werlen, ils sont souvent devenus des concepts aux significations volatiles. Selon l'auteur, dans une idée qui suit peut-être une ligne de raisonnement similaire à celle développée par des penseurs tels que Malinowski, lorsqu'il a disserté sur la culture

> le sens des choses est beaucoup plus le résultat de recombinaisons faites par le sujet, en fonction de l'action accomplie. Ce que signifie une chose n'est plus pris comme une qualité de la chose elle-même, mais lui est attribué, et le contenu de l'attribution dépend, en principe, de ce que le sujet fait ou veut faire (2000 : p.16).

Werlen déduit de ces idées que le régionalisme peut être considéré comme une sorte de compensation de ce qu'il appelle l'insécurité causée par les mouvements de la mondialisation. Et cela vaut pour les individus, les groupes sociaux et les pays, à tel point qu'il affirme que *"l'identité ne se réalise qu'en augmentant la différence"* (Werlen, 2000 : p.18). Le régionalisme est donc étroitement lié au processus d'identification régionale ("lieu") et parler d'identité, c'est se référer non seulement à soi-même, mais aussi à l'autre, devant lequel nous sommes ce que nous sommes, ou ce que nous semblons être, ou ce que nous sommes au moment présent, peut-être sans la chance d'avoir été dans le passé et sans la certitude que nous serons dans l'avenir, puisque, du point de vue de l'existentialisme, l'*être est* une possibilité. Comme le disait le philosophe brésilien Paulo Freire (1921-1997), le monde n'est pas, il est l'être. Dans la perspective que nous avons adoptée dans notre recherche post-doctorale, l'*espace urbain (moi,* collectif) et ses *"territoires urbains existentiels"* sont quelques-unes des matérialisations futures possibles des possibilités multiples et complexes des *"êtres politiques"[1]* ou, comme on les appelle communément, des *"citoyens"*.

LA SÉGRÉGATION DES ESPACES URBAINS

Le *théorème de Thomas* (1928), des sociologues américains William Isaac Thomas et D.S. Thomas, stipule que si les gens définissent une situation comme réelle, même si elle ne l'est pas, cette situation peut devenir réelle dans certaines de ses conséquences possibles. L'interprétation d'une situation, qui est subjective et n'a que peu ou pas d'objectivité, en fonction du déroulement des faits, ou plutôt l'interprétation d'événements et/ou de phénomènes pris comme des faits (au sens de "la vérité"), peut entraîner une action conséquente et ce processus peut conduire à la fameuse "prophétie auto-réalisatrice". Pour sortir de cette situation, il faut se rappeler la phrase d'Oscar Wilde, à savoir qu'il faut identifier de nombreuses faussetés afin de pouvoir, au milieu de celles-ci, souvent offertes délibérément pour nous confondre, découvrir ce qu'il y a de vrai dans le fait ou le phénomène.

Séparer, c'est séparer ; la ségrégation spatiale dans les villes est, bien entendu, un phénomène de séparation des parcelles urbaines (lieux) par les groupes sociaux, ou plutôt, de séparation des lieux les plus beaux et les meilleurs, avec les structures de vie les plus qualifiées, pour eux-mêmes par les groupes sociaux hégémoniques. La mise en œuvre de politiques publiques ségrégationnistes et classistes aboutit à ce que les espaces humains, comme les espaces urbains, soient organisés d'une manière plutôt qu'une autre, ce qui peut "naturaliser" certaines situations de la vie (urbaine), acceptées passivement par beaucoup, mais combattues par d'autres, que ce soit au niveau collectif ou par le biais d'une résistance subjective.

Selon le géographe Andrelino de Oliveira Campos (1998), "des *milliers de personnes ont été forcées de quitter leurs maisons pour que ces lieux soient démantelés en tant que favelas. (...) La valorisation des favelas a alors fait partie des idées des administrateurs et des urbanistes"*. Le professeur rappelle que les plans d'urbanisme tels que le "Programme Favela-Bairro" étaient des politiques publiques mises en œuvre dans le but *"d'incorporer la favela au noyau du quartier",* ainsi qu'au noyau de la ville dans son ensemble, constituant ainsi un programme de (re)structuration urbaine. Selon la définition du "Programme Favela-Bairro" de la mairie de Rio de Janeiro (Campos, 1998)

> fait partie intégrante de la politique de logement établie par la ville de Rio de Janeiro, dans le but de compléter (ou de construire) la structure urbaine principale (assainissement et démocratisation) des accès ; d'offrir des conditions environnementales permettant de lire la favela comme un quartier de la ville ; d'introduire les valeurs urbanistiques de la ville formelle comme signe de son identification en tant que quartier : rues, nuisibles, infrastructures et services publics ; de mettre en œuvre des programmes sociaux (génération de revenus, formation professionnelle, sport et loisirs, entre autres) afin d'améliorer la qualité de vie de la population (Secretaria Municipal de Habitagao - SMH, 1994).

La définition officielle du "Programme Favela-Bairro" présente une série de facteurs socio-urbains qui sont sans aucun doute importants et qui devraient même être les aspirations des personnes qui vivent dans des lieux autrefois appelés "favelas", aujourd'hui appelés par euphémisme "communautés" (du moins pour les Cariocas). Mais toutes les favelas ont-elles besoin des mêmes équipements urbains ? S'agit-il là des seules aspirations des habitants des zones réaménagées ? Les souhaits des habitants ont-ils été entendus et reconnus, ou s'agit-il des objectifs d'un projet de ville hégémonique qui sert davantage le capital que les personnes qui ne le possèdent pas et/ou ne le contrôlent pas ? Nous avons ici un exemple frappant de l'opposition relative entre deux des quatre catégories spatiales proposées par Lefebvre : l'espace représenté ou vécu *par rapport à l'*espace conçu (planifié). Nous pouvons également observer, d'un autre point de vue, comment l'espace géographique est organisé en fonction des paramètres de "l'environnement informationnel technico-scientifique", tel qu'il a été conceptualisé par Milton Santos. Enfin, nous avons la matérialisation de l'idée de Heidegger, selon laquelle l'espace est une relation sensorielle-perceptive et un échange du monde avec l'*être* conscient, *l'être-ai*, précisément parce qu'il est doté d'une spatialité.

Faut-il s'étonner que le prix de l'immobilier, à vendre ou à louer, dans les zones urbaines (re)modélisées, même dans les favelas, ait augmenté, rendant la vie de plus en plus difficile pour la classe moyenne et surtout pour la classe la plus pauvre (bien qu'avec déjà un certain recul, étant donné les problèmes économiques de Rio et du Brésil et l'affaiblissement de programmes tels que les Unités de police pacificatrices - UPP) ? Selon Campos

> la logique interne du programme Favela-Bairro est d'intégrer et/ou de réintégrer des zones qui ne sont plus ou n'ont jamais été valorisées dans la ville formelle, ce qui permet de collecter des impôts qui n'auraient pas été perçus autrement. En outre, de nouvelles zones d'expansion sont créées sans étendre l'espace physique de la ville ; en d'autres termes, des modèles d'"expansion dans" la ville elle-même sont créés (Campos, 1988).

Cette "expansion vers l'intérieur" de la ville elle-même a contribué à transformer l'espace urbain en un facteur supplémentaire pour les grandes entreprises, comme en témoigne l'augmentation de la valeur des biens immobiliers. Les terrains urbains et leurs équipements, au lieu d'être au service des personnes, comme le proposent les plans directeurs, du moins en théorie, qui devraient avoir, de par leur loi fondatrice, une méthodologie participative, mais qui ne l'ont, lorsqu'elle est présente, que sous la forme d'une chimère, ont en quelque sorte commencé à servir ces personnes, bien plus qu'à les servir, dans un processus de *"plus-value"* urbaine ou territoriale, matérielle ou immatérielle - ce qui est typique de ce monde que nous appelons le *"flux néocapitaliste"*. C'est pourquoi, comme le montre Campos,

> la ville ne peut pas taxer les améliorations de la même manière qu'elle taxe "l'asphalte" (les quartiers formels). (...) Par conséquent, ces zones légalisées pourraient permettre à l'avenir d'augmenter le nombre de nouvelles unités résidentielles pour la classe moyenne inférieure dans des secteurs de la ville qui étaient autrefois rejetés parce qu'ils présentaient des problèmes de transport difficiles, mais qui, dans la situation actuelle, pourraient devenir d'excellentes affaires, tant pour les promoteurs immobiliers que pour la municipalité, qui peut percevoir des impôts plus élevés avec la certitude de les recevoir (Campos, 1988).

Ainsi, la saisie de vastes zones de la ville de Rio de Janeiro est devenue, depuis un certain temps, un autre instrument des politiques publiques territoriales hégémoniques.

Le téléphérique du Complexo do Alemao, par exemple, est devenu une attraction touristique internationale de la ville. Et ces travaux ont été réalisés, même si de nombreux habitants ont déclaré qu'il y avait d'autres priorités. Il est bloqué depuis un certain temps en raison de problèmes techniques, administratifs et éthiques, ce qui constitue un nouvel exemple d'énorme gaspillage d'argent public, sans parler de la corruption pure et simple. Les citoyens ne sont pas écoutés.

Les luttes de pouvoir sur les territoires urbains peuvent avoir transformé des lieux qui avaient autrefois beaucoup de vie, même s'ils étaient pour ainsi dire désorganisés sur le plan urbain, mais pas encore "découverts" par le capital, en de nouveaux lieux qui ont été requalifiés d'une certaine manière, mais pas nécessairement pour les personnes qui y vivent (même si, dans une certaine mesure, cela leur profite). Il est possible que ces lieux deviennent des objets de désir pour des territoires de marchandises pour la reproduction élargie du capital, comme l'a montré l'économiste Maria da Conceigao Tavares :

> L'oscillation permanente entre un ordre libéral oligarchique et un État interventionniste autoritaire implique trois ordres de facteurs politico-économiques, qui génèrent des conflits périodiques dans le pacte de domination interne. Il y a tout d'abord les conflits liés à l'octroi de "garanties" pour l'appropriation privée du territoire comme forme patrimoniale de richesse et d'exploitation prédatrice des ressources naturelles. L'expulsion et l'incorporation des populations locales et immigrées, soumises à toutes les formes connues d'exploitation. S'ensuivent des conflits entre oligarchies régionales dans leurs rapports avec le pouvoir central, pour la distribution des fonds publics, qui alimentent périodiquement la crise de notre pacte fédératif et les "pactes de compromis" successifs (Tavares, *in* Fiori, 1999 : p.452-453).

Pour le géographe Rogerio Haesbaert, un processus de déterritorialisation peut être compris comme l'émergence d'une société en réseau (Haesbaert, *in* Santos & Becker, 2007 : p.57). Territoire et réseau peuvent être opposés ou complémentaires (lieux intégrés) ou subordonnés (relation de commandement hiérarchique). Cependant, tout comme il existe un territoire, il peut également y avoir une "déterritorialisation". La "déterritorialisation" peut alors revêtir plusieurs aspects (Haesbaert, *in* Santos & Becker, 2007 : p.59-61) : 1 - en tant que résultat de réseaux et de flux ; 2 - sur la base de nouvelles références immatérielles (bien que les bases matérielles ne disparaissent pas) ; 3 - en tant que nouvelle forme de contrôle des processus sociaux, par le biais du contrôle spatial ; 4 - en tant que "délocalisation" économique (puisque la proximité des sources de matières premières n'est plus aussi impérative) et 5 - en tant que résultat de l'homogénéisation culturelle croissante de la planète (différenciation et diversité).

En d'autres termes, Haesbaert montre que le processus de déterritorialisation peut être confondu avec une Multiterritorialisation pour les plus riches et une

"Aterritorialisation" pour les plus pauvres (Haesbaert, *in* Santos & Becker, 2007 : p.63). Ce processus *est celui d'une* précarité socio-spatiale croissante (Haesbaert, *in Santos &* Becker, 2007 : p.68). Dans le monde globalisé, dit Haesbaert, nous pouvons comprendre le territoire comme une *"expérience intégrée de l'espace (...) parce que le territoire aujourd'hui est, avant tout, multi-scalaire et un territoire-réseau"* (Haesbaert, *in* Santos & Becker, 2007 : p.68). Par conséquent, ces idées nous amènent à déduire que la déterritorialisation, en plus d'être un processus d'exclusion des territoires, en termes physiques (dématérialisation/déplacement/dissolution), peut également signifier qu'une personne ou un groupe social peut simplement être dans le territoire physique, mais ne pas profiter de ses avantages ou, en d'autres termes, la déterritorialisation est, en plus de l'absence physique ou de l'impossibilité pour le citoyen d'être dans un lieu, également une exclusion sociale.

Avec l'augmentation des revenus des plus pauvres au cours des dernières décennies, qui pourraient bien être classés comme " déterritorialisés " (dans le sens d'être exclus des bénéfices des territoires qu'ils traversent), il semble que l'inconfort des classes moyennes et supérieures face à cette situation se soit accru : les aéroports, également appropriés par les classes émergentes, ont commencé à être classés comme "grands axes routiers" ; les laboratoires d'examen clinique ont commencé à se remplir lorsque beaucoup de ces classes émergentes ont commencé à avoir des plans de santé ; les enfants des pauvres ont commencé à étudier dans les universités publiques, auparavant fiefs des classes moyennes et supérieures, grâce à des mesures telles que SISU (qui sélectionne les étudiants ayant les meilleurs résultats académiques pour étudier dans les universités publiques, indépendamment de leurs revenus, sur la base de leurs scores à l'ENEM), PROUNI (bourses d'études pour les personnes qui n'ont pas les moyens de payer une université privée), FIES (un programme similaire à PROUNI, qui finance des prêts étudiants pour augmenter les places dans les universités privées) et REUNI (un programme du gouvernement fédéral visant à restructurer les universités publiques fédérales), etc.les *centres commerciaux accueillent désormais des* membres de la classe moyenne inférieure et une partie des (soi-disant) pauvres, ce qui suscite la crainte des "gens de l'asphalte", qui avaient auparavant les *centres commerciaux pour* eux seuls ; la culture (soi-disant) populaire a gagné en poids sur le marché de la publicité et de la vente, comme en témoignent les programmes de la télévision en clair, et ainsi de suite.

Ainsi, les classes populaires, autrefois subalternes et "à leur place", comme se considèrent une grande partie des classes moyennes et moyennes supérieures, ainsi que la classe supérieure elle-même, à la périphérie et au café, ont accédé un peu plus aux biens matériels et immatériels et sont considérées comme des intrus dans la vie urbaine, dans des espaces qui leur étaient auparavant interdits, tels que les *centres commerciaux* susmentionnés, *les* voies rapides, etc. La réalité vécue ou perçue a-t-elle changé ? Toujours Lefebvre et, le cas échéant, Haesbaert, puisque ces personnes, qui étaient auparavant *"déterritorialisées", ont maintenant,* grâce à certaines politiques publiques, bien que naissantes et incomplètes, une certaine chance d'être *"territorialisées".*

Le géographe Jose Carlos Milleo a déclaré dans un article que les indicateurs sociaux dont nous disposons aujourd'hui trouvent probablement leur origine dans les recherches économiques menées par des universitaires américains dans les années 1960. Ces indicateurs reposent sur l'idée que c'est le revenu disponible *par habitant* qui indique le niveau de développement d'une société. Le niveau de revenu à lui seul démontrerait ce degré de maturité sociale. Cependant, comme le montre Milleo, on s'est rapidement rendu compte que d'autres indicateurs devaient être inclus dans le calcul (Milleo, 2010 : p.29). Le professeur montre qu'indépendamment des flux monétaires, *"on peut observer d'innombrables situations dans lesquelles le revenu des individus ou de grands groupes de population a augmenté sans qu'il y ait nécessairement une grande amélioration de leur vie, bien que les statistiques puissent nous montrer exactement le contraire"* (Milleo, 2010 : p.30).

En d'autres termes, il est inacceptable que nous mesurions ou évaluions qualitativement le stade de développement d'individus et/ou de groupes sociaux entiers uniquement à l'aide d'indices métriques réels ou supposés de productivité économique, par exemple. La vie est beaucoup plus vaste et complexe que cela. Des critères plus subjectifs, pour ainsi dire, peuvent et doivent être créés. Pourquoi ne pas établir un *"Indice Général de Bonheur Urbain" (IGFU) ? Un* tel indicateur devrait nécessairement prendre en compte les aspects qualitatifs, ainsi que les aspects quantitatifs, dont l'existence envahit les tableurs *Excel* et les *Power Points, qui ne* manquent pas. Ce sont de tels indicateurs qui peuvent, en revanche, mesurer et fournir des éléments de comparaison et d'analyse permettant de mieux comprendre la question posée plus haut sur le processus de déterritorialisation en ce 21ème siècle.

Dans une autre partie de l'article, M. Milldo évoque certaines des idées de l'économiste libéral indien *Amartya Sen, lauréat du* prix Nobel d'économie. Sen affirme qu'il ne sert pas à grand-chose que *"les gens aient des libertés formelles ou des opportunités égales s'ils n'ont pas la capacité d'en profiter, c'est-à-dire s'ils ne sont pas libres de choisir comment, ou même s'ils veulent ou non, profiter de ces opportunités"* (Milldo, 2010 : p.32). Qu'est-ce qui empêcherait ces capacités d'être utilisées de manière égale par les individus ? *Sen* répond que c'est parce que les êtres humains sont différents et que, par conséquent, chaque opportunité est unique pour chaque individu ou groupe social, c'est-à-dire que chaque personne profite, ou non, de ses opportunités d'une manière particulière et est donc différente des autres, malgré des aspects communs. D'autre part, Milldo montre ce que *Sen* considère comme les "capacités fondamentales" (mentionnées ici) : 1 - la capacité d'une personne à mener une vie longue et saine (exprimée par l'espérance de vie à la naissance) ; 2 - la capacité d'une personne à acquérir divers types de connaissances (exprimée par des indices tels que le taux d'alphabétisation) et 3 - la capacité d'une personne à avoir un niveau de vie décent (exprimée par le PIB *par habitant). Un espace urbain (UE),* pour être une véritable *"UE"* collective*,* doit être pour tous et pas seulement pour ceux qui, par hégémonie, s'approprient les bénéfices de leurs *territoires existentiels.*

La géographe Catia Antonia da Silva se demande ce qu'est la réalité ou même si elle existe, et se demande si la science peut effectivement l'observer, la décrire et l'expliquer, si elle existe, compte tenu de la question initiale. Pour Catia Antonia, ce sont de telles questions, issues de la philosophie, qui sont à la base de la science, dans toutes ses branches et disciplines, et de la vision du monde des hommes. L'auteur affirme que " *la nature n'est pas une donnée ; elle a des significations, des* significations *symboliques et des jugements de valeur, et elle est contestée politiquement et culturellement* " (Silva, 2014 : p.21), même si, il convient de le souligner, dans la perspective que nous avons adoptée dans notre recherche, les significations de la nature sont des créations humaines et non quelque chose d'intrinsèque à ces dernières. Et si, avec Catia Antonia, nous supposons que la production de connaissances est toujours le résultat d'un acte collectif, alors nous serons également d'accord avec elle pour dire qu'il n'y a pas de connaissances neutres : toutes les connaissances sont intentionnelles, comme la conscience pour les existentialistes, et ont leur objectif et leur fonction, dont le sens est guidé par une vision du monde (Silva, 2014 : p.22). Catia Antonia affirme que (Silva, 2014 : p.24)

> La géographie n'est pas la science du paysage, elle n'est pas la science de l'espace comme nouvelle éphémère, elle n'est pas la science de la représentation comme portrait (statique) des actions des agents : acteurs, personnages dans un récit insaisissable, comme c'est le cas

dans de nombreux reportages. Cette compréhension est davantage liée au travail du journaliste, dont l'objet est la production de lectures, de discours, de langages et de communications, de textes, d'hypertextes, d'images en tant que textes, d'images en mouvement en tant qu'éléments éphémères à diffuser dans l'instantanéité du champ dans lequel il opère (médias, presse écrite, etc.).

La connaissance, quel que soit le domaine, a un pouvoir en soi et fonde la lecture du monde par les gens, ce qui renforce l'idée que faire de la science est aussi politique, même si de nombreux scientifiques ne veulent pas que ce soit le cas. Pour l'auteur, "*ce qui donne du sens à la science, c'est la construction de significations*" et les sciences se préoccupent moins du "pourquoi" des choses que du "comment" (Silva, 2014 : p.31). La science, dit Catia Antonia, en cherchant les explications mentionnées ici, aide à façonner de nouvelles visions du monde et le fait à travers des méthodes dialogiques (échange de connaissances) et diagétiques (recherche d'une certaine totalité contradictoire et synthétique, plutôt qu'analytique), ce qui conduit finalement à de nouvelles connaissances (Silva, 2014 : p.32).

Catia Antonia appelle " *géographie des existences* " toute possibilité d'approfondir ce qu'elle appelle " *l'analyse de la géographie des populations subalternes* " (2014 : p.33). Ainsi, la professeure soutient que " *la géographie des existences aide à penser la confrontation avec la géographie des normes (friches, normes et législations, ordre et territoire normé) afin de signifier que tout n'est pas orienté par la pratique coercitive du territoire de la vie collective* " (Silva, 2014 : p.33).

À ce processus, Catia Antonia ajoute l'importance de ce qu'elle comprend comme une problématisation des existences, qui consiste, en fait, à penser à valoriser ce qu'elle appelle le " *sujet historique - individuel et collectif, au lieu de valoriser les formes institutionnelles, architecturales, les structures qui dominent et ont toujours dominé les études géographiques* " (Silva, 2014: p.33). En même temps, le temps, pour Andrelino Campos, est présent dans les études géographiques à la fois du point de vue de la transformation sociale, puisque la vitesse contient en elle-même la relation espace-temps, et du point de vue de la permanence des structures sociales, qu'il qualifie de " repos " (Campos, 2014 : p.51). Campos rappelle l'idée que les phénomènes sociaux qui sont sont le résultat de la dynamique des horizontalités (contiguïté des lieux) et des verticalités (chaînes de commandement et de pouvoir), dont aucune ne serait autonome, ce qui, pour l'auteur, signifie qu'elles nécessitent diverses relations avec d'autres dimensions spatiales et temporelles (Campos, 2014 : p.54-55). En ce qui concerne la question de l'existence, le professeur affirme que *"ce sont les personnes qui vivent les unes avec les autres qui produisent du sens pour les "choses" et les objets isolés ou en tant que système"* (Campos, 2014: p.55). Milton Santos l'a défini comme suit

les horizontalités et les verticalités :

il existe des extensions composées de points qui s'agrègent sans discontinuité, comme dans la définition traditionnelle d'une région. Ce sont les horizontales. D'autre part, il existe des points de l'espace géographique, séparés les uns des autres, qui assurent le fonctionnement global de la société et de l'économie. Ce sont les verticalités (Santos *Apud* Campos, 2014 : p.57).

Selon Campos, un territoire existe parce qu'il témoigne de la présence permanente de lieux, puisque, en raison de sa préexistence, le lieu est la forme la plus simple du territoire et que tant le lieu que le territoire, sorte de totalité de lieux, ont leurs propres lois, générées en leur sein. L'un ne peut être compris sans l'autre (Campos, 2014 : p.58). Cela dit, le lieu et le territoire, avant d'être considérés comme des phénomènes spatiaux, peuvent être compris comme des phénomènes relationnels (Campos, 2014 : p.59). Les flux horizontaux sont fondamentalement liés à la coexistence entre les personnes et les groupes sociaux dans les lieux, tandis que les flux verticaux sont le résultat de l'action des structures hégémoniques de la société.

Complétant l'idée de Campos ci-dessus, le géographe Nilo Modesto affirme que " la *compréhension des dynamiques sociales implique la matérialisation des agendas des groupes hégémoniques à travers l'espace* " (2015 : p.69). Les préceptes capitalistes, selon le professeur, constituent les " Appareils privés de l'hégémonie ", qui ont pour fonction première de diffuser la logique capitaliste dans tous les secteurs sociaux, dans le but d'influencer la logique organisationnelle des espaces publics et privés (Modesto, 2015 : p.70).

Modesto rappelle que dans la Théorie de la connaissance, le sujet est directement lié à ce qu'il appelle l'*" esprit connaissant ", par* opposition à l'*" objet connu "* (2015 : p.72), ce qui explique que le sujet puisse être traité de manière externe à ce qui est défini comme " je ". Dans le livre d'Aristote "Métaphysique" *(Apud* Modesto, 2015 : p.72), "*le sujet est ce dont tout le reste est affirmé et qui n'est pas lui-même affirmé d'une autre manière".* Pour Hegel *(Apud Modesto,* 2015 : p.72), le sujet est un *"aspect de la singularité ou de la particularité".* Enfin, pour Schopenhauer *(Apud* Modesto, 2015 : p.72), le sujet est "*ce qui connaît tout le reste, sans être connu lui-même (...) Le sujet est donc le substrat du monde, la condition invariable, toujours impliquée dans chaque phénomène, dans chaque objet ; car tout ce qui existe, existe pour le sujet"* (dans le livre "Le monde comme volonté et représentation"). L'espace est transformé et/ou consolidé, comme le dit Modesto, *"en fonction de ces articulations politiques"* (2015 : p.73). Pour interpréter les actions des sujets, nous devons considérer l'espace comme un médiateur (Modesto, 2015 : p.74).

Rappelant certaines idées du philosophe italien Antonio Gramsci (18911937), Modesto décrit ce qu'il appelle l'"État élargi ou intégral", que Gramsci définit comme tout État qui développe, en parallèle, les appareils de coercition, les fondements économiques et le niveau idéologique. En d'autres termes, un amalgame de l'infrastructure économique et des superstructures juridico-politiques et idéologiques (Modesto, 2015 : p.76). Cet État intégral présupposerait, comme l'a théorisé Gramsci, la domination idéologique d'une classe sur les autres, afin de parvenir à l'hégémonie et, pour échapper à ce carcan, les subordonnés devraient mener une contre-hégémonie.

Pour Gramsci (1985 et 1999), l'État comprend deux sphères sociales principales : La société politique (qui est l'État au sens strict ou en état de coercition), formée, selon Modesto, *" par l'ensemble des mécanismes par lesquels la classe dominante détient le monopole légal de la répression et de la violence "* et la société civile, composée de *" l'ensemble des organisations responsables de l'élaboration et/ou de la diffusion des idéologies ",* telles que les écoles, la presse, les églises, les organisations professionnelles, etc. (Modesto, 2015 : p.78). La société politique s'occuperait des appareils répressifs (militaires, policiers, bureaucrates, etc.) et la société civile des appareils idéologiques, qui conduisent à l'hégémonie, qui dominent et contrôlent la vie sociale et ses sphères. Ainsi, selon Modesto, en s'appuyant sur Gramsci, *" la société civile apparaît comme un espace où se construisent des projets globaux de société (...) où se disputent le pouvoir et la domination "* (Modesto, 2015 : p.80).

Selon Gramsci, *" les appareils privés de l'hégémonie sont des organisations sociales volontaires qui sont relativement autonomes par rapport à la société politique. Ils sont les porteurs matériels d'une vision du monde contestée"* (Gramsci apud Modesto, 2015 : p.84-85). Pour Gramsci, l'enjeu n'est pas seulement l'imposition de l'idéologie dominante : un groupe social atteint une véritable hégémonie plus cette imposition est subtile, plus il peut facilement amener les groupes dominés à accepter son idéologie comme légitime et, pour cette raison, la société politique serait secondaire par rapport à la société civile. Pour Gramsci, l'État serait donc une combinaison de coercition et de consensus. Sans autre raison, Modesto affirme que *"la capacité du groupe qui détient le pouvoir ne consiste pas à essayer d'empêcher les manifestations de cette diversité, mais à les coopter dans son projet global de construction du tissu social"*. C'est ce que Gramsci appelle l'hégémonie" (Gramsci *apud* Modesto, 2015 : p.84-85).

Modesto (2015 : p.86), observant ce qui précède, affirme que les appareils privés et publics de l'hégémonie seront les fondements des pratiques spatiales les plus variées du pouvoir et que l'espace est intrinsèquement lié à la reproduction des relations de production (Modesto, 2015 : p.95) et, pour cette raison, cet espace est compris comme la projection des intérêts politiques.

Dans la perspective de cette recherche, nous pouvons dire que la société civile fournit sans aucun doute les conditions de l'hégémonie de la société politique, mais aussi de la recherche d'une contre-hégémonie, d'une dissidence culturelle, politique et idéologique, dans les espaces humains, tout au long du temps historique. L'existence d'*êtres* (individus) et de groupes sociaux qui remettent en cause les diktats hégémoniques peut conduire à de nouvelles existences. En d'autres termes, l'*entité* collective*, le* groupe social, mais en interaction avec les entités subjectives, les citoyens, tous deux dotés de spatialité, créent, dans leur expérience de la dimension existentielle, des espaces sociaux, matérialisés dans la dimension géométrique de l'espace urbain, par exemple, qui pourrait bien caractériser l'"environnement informationnel technico-scientifique" théorisé, lorsqu'il se trouve dans la dimension existentielle. C'est ici, dans cette deuxième dimension, que l'on peut situer le centre de notre recherche, bien que, pour l'instant, uniquement du point de vue de nos formulations théoriques. En ce sens et sous ce dernier aspect, les citoyens, dans leur existence, sont leur *"unité existentielle"* ou ville, avec ses *"territoires urbains existentiels"*. L'"*Espace urbain (I)*" est, en soi, une existence collective remplie de la spatialité des agents qui la font apparaître dans le monde : les *"Êtres politiques"* ou, au sens commun, les *"Citoyens"*. Apprendre à lire et à interpréter le monde, comme nous l'a enseigné Mario Quintana, est essentiel si l'on veut se positionner correctement par rapport au monde et mener une vie de qualité et de dignité.

La perception et l'imagination de l'espace comme facteur de pouvoir, qui nous ramène à l'une de ses catégories, à savoir le territoire, peuvent être bien comprises dans la belle chronique de l'acteur Gregorio Duvivier, intitulée " *O Rio ë uma cidade deserta* " (Folha de S. Paulo, page C5, Caderno Ilustrada, 08/08/16), retranscrite ci-dessous, *ipis litteris :*

> J'ai grandi en entendant que Rio n'a pas de place pour quoi que ce soit parce qu'elle est coincée entre la mer et les montagnes, et c'est pourquoi les loyers sont si chers, et c'est pourquoi les gens s'entassent dans les collines et les zones à risque, parce qu'il n'y a pas de place pour eux, c'est pourquoi il n'y a pas de théâtres ou de salles de concert, parce qu'ils sont trop grands, c'est pourquoi, si vous êtes un artiste, il n'y a pas de place pour votre musique, il n'y a pas de place pour vous, après tout, cette ville n'a nulle part où grandir, il n'y a pas de place pour votre musique, il n'y a pas de place pour vous, après tout, cette ville n'a nulle part où grandir, et pour aggraver les choses, les gens continuent d'arriver, les gens d'Europe, les gens du Nord-Est, et pour aggraver les choses, les gens continuent de naître dans cette ville écrasée, alors mais flash info, chaque jour il y aura de moins en moins de place pour vous.
>
> Pendant ce temps, la ville se désertifiait. Les hôtels et les théâtres qui étaient pleins de monde étaient démolis pour devenir du néant - ou des parkings, qui sont une variante du néant -, les familles étaient retirées de l'endroit où elles avaient passé toute une vie pour faire de la place à un événement qui durera deux semaines - et auquel elles n'étaient même pas invitées.
>
> Pendant que nous nous serrions, l'hôtel Gloria était vide, l'hôtel Nacional était vide, la Vila Autodromo était vide et dans un mois la Vila Olimpica, je le parie, sera vide, le théâtre Jockey était vide, l'immeuble A Noite, où se trouvait Radio Nacional, était vide, la peste de Paris, l'Académie brésilienne des lettres est vide de vivants tandis qu'une douzaine de morts boivent du thé, l'immeuble Serrador est vide, l'ancien IML est vide, 300 immeubles du centre ville sont vides, le Canecao était vide, mais celui-là ne l'est plus. Si nous le laissions, il serait vide pour toujours.
>
> Rio avait deux terrains de golf, à Rocinha, où 100 000 personnes s'entassaient en surplomb d'une centaine d'hectares d'herbe battue, occupés par une douzaine d'hommes en polo. La municipalité a estimé que ces hommes étaient trop à l'étroit et a construit un troisième terrain de golf, juste pour les Jeux olympiques. Le vide n'est pas un accident. Le vide est un projet.
>
> Si nous sommes coincés ici, ce n'est pas la faute de la mer ou de la montagne. C'est la faute d'un projet de ville dans lequel nous n'avons pas notre place. Occuper, c'est résister. Il ne s'agit pas seulement de remplir de personnes, il s'agit de remplir de sens. Les espaces ont besoin de nous autant que nous avons besoin d'eux.

Le beau texte ci-dessus *est* un bon exemple du style de la chronique littéraire-journalistique et met en évidence, avec une certaine richesse réflexive, l'importance de ce que, dans notre recherche, nous appelons la *"Géographie du corps humain"* ou *"Géographie de la corporéité",* où il n'y a pas de sens à parler d'un espace dépourvu de perception, de représentation et d'interaction avec l'être humain, qui sont tous deux, nous pouvons le dire, des *êtres* dotés de spatialité, comme l'a théorisé Heidegger. Ne pas avoir de place pour quoi que ce soit ne signifie pas que rien, socialement parlant, ne se passe dans cet espace. Cette évidence cache toute la vie qui sous-tend l'apparente vie urbaine chaotique d'une grande ville comme Rio de Janeiro. La vie insiste, persiste et n'abandonne pas, malgré les difficultés. La dynamique de la population, dans ses projets d'existence, génère ses propres espaces. Un peu plus loin, la discussion sur ce que nous appelons ici la *"Géographie du corps humain"* sera approfondie.

CONCLUSIONS PRÉLIMINAIRES

1 - L'espace, en tant que production sociale, comme l'a théorisé Lefebvre, peut être "lu et interprété" à travers les idéologies et les pratiques des groupes sociaux hégémoniques, acquérant une valeur d'usage et d'échange pour les sociétés qui les ont fait apparaître dans le monde, dans leurs processus d'existence collective. Mais il est aussi le résultat de l'interaction des subjectivités et des intersubjectivités, même si celles-ci n'impliquent pas directement des questions économiques. L'espace humain est le continent et le contenu des perceptions, des sensations, des imaginations et des actions sociales conscientes.

2 - En accord avec Milton Santos, l'espace est plein de facteurs fixes et de flux, avec les configurations territoriales et les relations sociales les plus variées, ce qui en fait avant tout un système d'objets et d'actions humaines. Pour Santos, l'espace est l'empire de la technologie. Et pour nous, encore une fois, l'espace est aussi la fruition esthétique et l'imagination des subjectivités et des intersubjectivités des *êtres*.

3 - En supposant que la géographie soit une science propédeutique (introductive) et taxinomique (classificatoire), l'espace et le temps, autre catégorie *a priori* d'abstractions humaines, seraient, selon Kant, immuables et préexistants à l'homme. C'est pourquoi Kant ne considérait pas la géographie comme une science en tant que telle, car la description et la classification ne sont que les premières étapes de la méthode scientifique. Dans les chapitres 2 et 3, cependant, nous examinerons d'autres façons de concevoir l'espace, la spatialité et les relations spatiales de pouvoir.

4 - Pour le géographe allemand Werlen, l'espace est un cadre théorique aux références variées et il propose que la géographie, au lieu de l'"espace", utilise le terme "action" comme référence théorique principale et que le corps conceptuel de la pensée phénoménologique (la recherche d'une compréhension des phénomènes de la conscience et de la manière dont elle appréhende le monde) soit incorporé dans les concepts géographiques. Nous ne savons pas encore si le terme "action" est le bon, mais l'intégration des postulats existentialistes, comme ceux qui ont conduit à notre conception de la *Géographie de la Corporalité, sera* sans doute définitivement intégrée aux préoccupations ontologiques de la Géographie.

Chapitre 2

Espace urbain (UE) : l'*être* et sa présence urbaine ou le citoyen comme projet ultérieur d'altérité essentielle

Ce sont mes principes, et si vous ne les aimez pas... eh bien, j'en ai d'autres.
Groucho Marx (1890-1977), humoriste américain

L'art existe parce que la vie ne suffit pas.
Ferreira Goulart (1930-2016), poète brésilien

BRÈVE PRÉSENTATION

Dans ce deuxième chapitre, lecteur, vous trouverez quelques réflexions sur l'*être*, son existence ou son essence, et la manière dont nous le lions aux concepts de territoire et d'espace urbain, en utilisant les concepts de spatialité de Heidegger comme lien, et la constitution de l'être individuel et sa projection en tant qu'être collectif, également basée sur Heidegger, mais surtout sur Sartre. Vous trouverez également des questions sur d'autres concepts importants pour le thème central de ce livre, tels que l'image, la représentation, l'esthétique, la conscience et l'idéologie.

L'ESPACE RÉFLEXIF : ENTITÉ CONSTITUTIVE DE L'HOMME ET CONSTITUÉE PAR LUI

Le mot "art" vient du latin "*ars*" et signifie la "technique*"* ou l'*"habileté"* à faire quelque chose. Dans le sens commun, un objet artistique n'est lié qu'au concept d'esthétique et celui-ci n'est généralement compris que dans son aspect visuel. Ainsi, bien qu'associée à juste titre au côté sensible des personnes, l'esthétique n'exclut pas en réalité les aspects cognitifs, puisqu'il existe des écoles d'art et que l'on parle beaucoup de techniques artistiques.

Selon le philosophe allemand Emmanuel Kant (1724-1804), tout objet qui procure du plaisir à l'*être* est esthétiquement beau. En ce qui concerne spécifiquement le plaisir, nous avons des conceptions historiques variées. Pour les hédonistes, ce qui compte le plus dans la vie, c'est le plaisir immédiat, mondain, sans exclure les plaisirs spirituels ; le plaisir serait donc un mode de vie et un critère de l'action humaine. Mais pour les stoïciens, le plaisir, même s'il n'est pas totalement ignoré, n'est pas ce qui motive les gens à faire des choses, parce que l'homme est guidé (ou devrait être guidé) avant tout par la vertu ; vivre une vie vertueuse est ce qui nous mènerait, stoïquement, au plaisir. Quoi qu'il en soit, tant dans la perspective hédoniste que stoïcienne, l'angoisse humaine sous-tend l'existence de chacun d'entre nous, car les plaisirs (mondains) sont en eux-mêmes épuisants et peuvent nous conduire à la frustration et au malheur si nous ne les équilibrons pas avec d'autres sens et sentiments existentiels de la vie.

Mais qu'est-ce qui nous frustre le plus : le plaisir qui n'a pas été atteint, mais dont la poursuite aurait pu apporter une certaine satisfaction en nous sortant d'un état d'anxiété essentielle et même d'une certaine catatonie émotionnelle, ou le sentiment de stagnation parce que nous n'avons jamais poursuivi ce qui aurait pu nous donner du plaisir, même s'il était banal et éphémère ? Un stoïcien dirait qu'une vie paisible et vertueuse serait agréable ; un hédoniste, en revanche, ne soutiendrait pas une telle vie et recommanderait de nouvelles recherches du bonheur, et cette recherche nous donnerait la paix et la tranquillité, surtout lorsque nous atteindrions le bonheur (presque divin) que le plaisir nous offre. Pour être en paix avec le Cosmos ("harmonie" en grec), dans la philosophie orientale des anciens Hindous, par exemple, il faudrait rechercher "Maya", qui est, dans cette cosmogonie, la grande "intuition révélatrice" du Dieu Brahma, créateur de l'Univers. Maya serait le visible dans le monde et Atman (l'âme), le souffle divin dans l'être humain (Rohen, 2008).

Il existe bien sûr d'autres cosmogonies qui cherchent à nous expliquer en tant qu'espèce, mais le fait est qu'elles renvoient toutes à l'éternelle quête de l'homme pour des réponses qui ne sont peut-être pas élaborées correctement parce que les questions, peut-être, sont quelque peu mal formulées. De ce point de vue, les bonnes questions sont plus importantes que les réponses qui sont parfois apparemment correctes. Notamment parce que, selon certains points de vue, il est juste de dire qu'au-delà des faits, il y a des interprétations ; plutôt que la réalité, il y a des réalités prêtes à être découvertes.

La sagesse populaire veut que la vie imite l'art. Cependant, il n'est pas rare que le contraire soit vrai. Bien sûr, cette phrase n'est que rhétorique, mais nous pensons qu'elle illustre avec un degré raisonnable de véracité le fait que la vie est un phénomène extrêmement complexe et que des choses continuent à se produire, si incroyables que nous ne les croyons pas, et qu'il semble qu'un écrivain créatif et compétent ait préparé à l'avance un scénario macabre ou extrêmement joyeux. Vivre, c'est ne pas avoir honte d'être heureux, comme l'a chanté le poète Gonzaguinha, et l'écrivain Guimaraes Rosa a écrit dans "Grande Sertao : veredas" que vivre est très dangereux, mais qu'apprendre à vivre est ce qu'est la vraie vie, et il complète l'idée en disant que le courage de vivre est ce que la vie attend de nous.

Or, le courage de vivre une vie dangereuse mais agréable est une bonne partie de ce que nous avons et de ce dont nous avons besoin pour poursuivre une vie vertueuse, régie par des principes tels que la bonté, la générosité, la solidarité, la fraternité, l'affection, la douceur, la tranquillité et l'honnêteté. Il n'est pas facile de vivre une telle vie, mais ne pas la rechercher, c'est s'accorder avec ce qu'il y a de pire dans l'être humain, c'est-à-dire avec d'autres principes qui ne sont pas recommandés, comme l'égoïsme, la désaffection, la violence, la malhonnêteté, l'agression, la grossièreté, le manque de respect et l'impolitesse. Nous avons tous un peu de tout cela, mais la recherche des premiers principes énumérés ici et la réduction des derniers sont absolument essentielles pour que la vie continue d'exister, en harmonie avec elle-même et avec le monde et, par conséquent, vertueusement agréable, dans toute la splendeur de son imperfection.

Nous sommes un univers infini, mais contradictoirement, nous sommes aussi, à de nombreux moments et de nombreuses manières, fermés sur nous-mêmes ; nous sommes des spirales en éternelle convection, ébullition et révolution existentielle. Nos sphères reflètent ce chaos, régies qu'elles sont, matériellement et existentiellement, par la troisième loi de la thermodynamique, c'est-à-dire par l'entropie du système. En d'autres termes, nous sommes gouvernés, pour ainsi dire, par notre propre degré de désordre ou de dégénérescence, qui augmente avec le temps et qui est directement proportionnel à la complexité des relations que ce système, l'humain, individuel et collectif, entretient avec l'environnement extérieur. Le musicien Caetano Veloso a dit un jour que, de près, personne n'est normal.

Les espaces de vie de l'homme reflètent bien entendu cette manière d'être conflictuelle. La recherche de consensus possibles pour résoudre les problèmes issus de cette agitation vitale, lorsqu'elle se fait en termes subjectifs, façonne l'*être,* dans ses projets d'être ce qu'il veut et/ou peut être. Lorsque la recherche se fait collectivement, comme dans une ville, le résultat est la création, dans le monde, d'une grande *entité* collective, dont la spatialité, en même temps que la temporalité, est essentiellement mutante, tout comme les *êtres* individuels *:* l'*Espace urbain,* dont l'acronyme est, de manière suggestive, "*UE*", une grande entité collective, avec ses "principes", c'est-à-dire ses règles de coexistence sociale, et avec son esthétique, par exemple, avec ses formes urbaines, dont le champignon, à la suite de processus sociaux, a formé son "visage" (rues, bâtiments, etc.) et son "âme" (culture, etc.).) et son "âme" (culture).) et l'"âme" (culture urbaine), qui sont toutes deux des composantes de ce que nous pouvons appeler la "structure urbaine" (géométrique et existentielle). Cette construction théorique, basée sur la conception spatiale de Milton Santos (1988 et 1996), lorsqu'il a théorisé la "forme-structure-processus-fonction" de l'espace géographique, nous amène à classer nos villes comme de grandes "*unités existentielles*", qui sont censées englober de nombreux "*territoires urbains-existentiels*". Nous reviendrons plus tard sur cette discussion.

L'art imite la vie parce que nous sommes nous-mêmes, extériorisés et éternisés par l'hédonisme souvent sans prétention et, idéalement, affectueux de la sensibilité de nos artistes au quotidien, qu'ils soient artistes eux-mêmes, penseurs en sciences ou en sciences humaines, planificateurs et/ou administrateurs publics, ou nous tous, dans notre existence quotidienne *dans* et *avec nos* espaces de toutes sortes. Les penseurs et les urbanistes/administrateurs publics sont les constructeurs directs d'un objet artistique spécifique, ce que les sciences humaines appellent l'"Espace géographique", dans son ensemble, mais aussi l'*Espace urbain (UE)* des "*Unités existentielles*" *en* particulier, avec leurs "*Territoires urbano-existentiels*". Au fond, peu importe l'agent ou l'objet artistique construit, matériellement ou immatériellement : l'art est, du point de vue analysé ici, une projection technique, matérielle et symbolique de l'*être,* vers son propre projet d'autoconstitution et de positionnement dans le monde. L'"*être-au-monde*" heideggérien peut aussi être un "*être ici, en soi*" (bien que projectionnel, sinon il se confondrait avec l'"*être-en-soi*" sartrien) et un objet artistique, expression profonde et enracinée de son existence. L'art, quelle que soit sa forme, est l'*être* ; *l'être* est l'art. L'homme, dans la perspective adoptée ici, est son propre espace existentiel. L'*être de l'être est* sa spatialité, telle que Heidegger l'a définie.

Spéculer sur le concept que nous essayons de disséquer ici, celui de la ville comme "*Unité existentielle*", c'est nécessairement plonger dans la conception philosophique de l'Existentialisme, dont la devise principale est que l'existence précède l'essence. L'*être, dans* cette perspective, n'est pas l'être, c'est un projet d'*être* à venir. L'*être,* dans sa liberté, son fondement, se rend possible en tant qu'*être.* On pourrait supposer qu'il se passe quelque chose de similaire avec l'être collectif "ville". Selon Sartre, l'homme se constitue à partir de ses choix actuels, dans une (re)construction permanente de lui-même, dans ce qu'il appelle la "nadification du réel". Dans ce processus, l'*être* plonge en lui-même, plus précisément dans sa conscience, que Sartre

(1997) appelle "réflexion réflexive". La conscience est un concept clé de la théorie existentialiste, comme le résume Aurélia Dudognon (2014 : p.2-4).

1 - *Conscience perceptive* - tout le monde a de l'imagination et dès que l'homme imagine quelque chose, cet objet, qu'il soit matériel ou immatériel, est immédiatement associé à un sentiment. Cependant, bien que cela soit quelque peu évident, Sartre a dit que nous ne pouvons pas avoir cet objet conservé dans notre conscience, nous ne le conservons que dans sa représentation. C'est précisément l'idée de l'objet, qu'il soit présent ou absent, qui est fixée dans notre conscience (et nous pouvons tout imaginer). La conscience est liée au sens de la liberté.

2 - *La conscience imaginante* - pour Sartre, il y a une distinction très nette entre l'objet (réel) et la perception de l'image (figure mentale) : l'image serait un produit de la "conscience imaginante" et ne pourrait donc pas être confondue avec l'objet lui-même, qu'elle ne fait que représenter. L'image est une relation qui se forme entre l'observateur et l'objet observé. Cette différence entre image et réalité reçoit un autre argument qui vise à légitimer sa véracité dans la mesure où Sartre affirme qu'il n'y aurait aucun moyen pour nous d'extraire de l'objet une information certainement vraie, en consultant uniquement nos images mentales. Pour qu'une image se forme, la conscience "extrait" la connaissance acquise par la perception de l'objet, c'est-à-dire que c'est la conscience perceptive qui nous conduit à la connaissance. La conscience imaginante perçoit deux types d'objets : les objets temporels (ceux qui existent dans le monde réel et sont affectés par la temporalité du passé, du présent et du futur) et les objets intemporels (les objets fantastiques, qui n'existent pas dans le monde réel, et qui peuvent exister à tout moment, sans usure).

3 - *Image* - pour qu'il y ait formation d'une image, quelle qu'elle soit, temporelle ou intemporelle, il faut qu'il y ait l'intention de l'*être de la* former. Pour Sartre, l'objet n'est pas présent dans la pensée car, en fait, l'image de l'objet est la façon dont je le connais, dont je l'imagine, puisque l'objet est donné à la conscience comme une absence absolue. L'image est quelque chose qui est associé à une connaissance acquise de ce qu'elle représente. C'est pourquoi Dudognon affirme que

> Elle (l'image) n'appréhende donc rien d'autre que ce que nous pouvons extraire de l'objet en question lors du travail de perception. L'image ne se rapporte pas au monde, elle ne dépend que de nous : je ne peux rien savoir de plus à son sujet. (...) La conscience imaginante " recrée " spontanément des objets : elle est créatrice (Dudognon, 2014 : p.3).

Dans un article pour Globo (18/12/16, page 15), intitulé " Moro et son image ", le sociologue brésilien Antonio Engelke nous livre une réflexion intéressante sur les symboles qui peut nous être utile, étant donné qu'une image, qu'elle soit réelle ou cognitive, est en soi un symbole, car elle représente quelque chose qui existe dans la matérialité du monde ou dans la conscience de l'*être :*   *"Les symboles sont rarement égratignés par leur éventualité.*

Ils définissent au contraire le cadre cognitif dans lequel ces représentations seront reçues".

      Cela dit, l'image n'ayant pas de rapport direct avec la réalité, elle n'est pas l'objet qu'elle représente ; elle est l'*être qui* réalise ce rapport entre l'objet réel et sa représentation imaginaire. L'un des objets du monde réel qui est donné à la conscience, dans cette perspective, est le signe qui, sans contenu, c'est-à-dire sans sa signification, devient vide de sens pour la conscience, devenant insignifiant. À ce stade, il convient de souligner que la compréhension du signe a longtemps été qu'il résulte des processus cognitifs et sensoriels-perceptifs de toutes les parties impliquées dans un dialogue, ce qui le rend plein de significations multiples et changeantes et pas seulement la signification originale et fixe énoncée par un émetteur passif. C'est pourquoi, depuis les années 1960, de nombreux auteurs, comme Michel Pecheux (1938-1983) ou Patrick Charadeau et Umberto Eco (1932-2016), ont commencé à redéfinir le "signe" comme un "discours" signifiant : un néant de l'*être qui sera* ce que l'*être* souhaite consciemment ou est capable d'interpréter.

      Contrairement à ce que l'on pourrait supposer, "nadifier", dans l'existentialisme, ce n'est pas transformer une entité existante, qui est quelque chose, en un vide complet, dépourvu même de son propre *être. Il* ne s'agit pas d'un anéantissement de l'*être,* puisque l'être mute et se constitue, pour les existentialistes, dans la mesure de son existence. Lorsque Sartre évoque le processus de "nadification", il fait référence à la réduction de la conscience à un *"néant d'être"* qui, pour cette même raison, est rempli par ce que l'*être* veut être, dans ses propres projets d'*être à* venir. Ainsi, l'objet n'est pas un *être* au monde, car il ne peut se transcender en autre chose que ce qu'il est tout simplement : il est un *Être-en-soi* et non un *Être-pour-soi* (Sartre, 1997), caractéristique, dans ce cas, de la conscience, qui est un néant d'*être pour* être quelque chose d'autre. Cette conscience peut se traiter, en quelque sorte, comme un objet.

      Sartre disait que cet acte constitutif de l'être*,* que Heidegger appelait présence, *entité* pleine de spatialité *(Dasein),* fait de l'*être* un phénomène. Une représentationimage peut être comprise comme l'image d'un objet réel absent, concomitante à la présence de la constitution du sens mental de cet objet qu'est l'image, de manière intemporelle et consciente. Ainsi, selon Dudognon, puisque nous ne pouvons accéder directement à la réalité, nous nous l'offrons comme une irréalité :

> Les images mentales ne font pas partie du domaine du réel, elles n'existent pas vraiment, puisqu'elles ne peuvent pas apparaître dans la réalité. L'image mentale apparaît donc dans un "espace imaginaire" et non réel, un espace d'ailleurs qui n'existe pas et qui n'est pas soumis à la temporalité. (...) L'objet imaginé est une sorte de " néant d'être ", il se présente comme absent et nous pouvons le faire apparaître dans notre esprit sans l'avoir vu sous nos yeux (Dudognon, 2014 : p.4).

En argumentant sur la question esthétique, selon Dudognon, Sartre montre que la prise de conscience d'un objet, dans son aspect esthétique, se fait de manière imaginative, c'est-à-dire qu'il s'agit du passage de l'observation de l'objet (réel et temporel), à une image (irréelle et intemporelle), avec toutes les sensations que l'esthétique provoque chez l'homme (et pas seulement les sensations visuelles). Par exemple, rappelons que pour Kant, un objet esthétique (beau) est tout ce qui provoque une sensation de *plaisir* et de *délectation chez l'être*. Ainsi, l'objet esthétique ne serait pas quelque chose de perçu, car il est un produit de la conscience imaginante et, pour reprendre les termes de Dudognon (2014 : p.5), " *la perception n'est pas capable de l'appréhender comme s'il était réel* ". *L'objet esthétique est par nature non perceptible, irréel ; il n'est pas le support, mais ce qui est représenté* ".

Selon Dudognon, pour Sartre, chaque fois que nous adoptons une attitude imaginative pour apprécier une œuvre esthétique, nous dépassons la simple matérialité de l'œuvre - ou bien nous ne l'apprécions pas, nous lui ajoutons quelque chose. Du point de vue de Dudognon, une telle réalisation *serait* une appréciation de l'objet esthétique comme un tout irréel et elle exemplifie l'idée en affirmant que les matériaux utilisés (qualités physiques) pour construire l'objet esthétique ne sont rien en eux-mêmes, n'ayant de sens que dans le tout imaginaire de l'œuvre, c'est-à-dire dans son système irréel de constitution (Dudognon, 2014 : p.6).

L'objet réel est une chose, l'acte conscient de l'imaginer comme un objet statique en est une autre, qui implique pour ainsi dire une irréalité consciente. En d'autres termes, l'imagination s'approprie l'objet à travers l'image que l'*être* constitue consciemment en lui-même. La beauté n'est pas réelle, au sens où elle *est* une qualité de l'objet, mais, dans la perspective que nous adoptons ici, elle est irréelle, parce qu'elle concerne la jouissance esthétique de l'*être,* dans son projet d'autoconstitution. Pour revenir à la discussion de

Dudognon, en se basant sur les idées de Sartre, " *l'objet n'apparaît pas à la conscience comme tel, mais doté de "qualités" (...) et c'est ce que l'auteur (Sartre) appelle la "structure affective de l'objet" "*. (Dudognon, 2014 : p.6-7). C'est pourquoi Sartre disait que les objets ne sont plus seulement des objets, mais qu'ils nous affectent intellectuellement, mais aussi émotionnellement.

En psychanalyse, selon Joël Birman, le corps est défini en opposition à la psyché et est souvent réduit aux registres somatique, anatomique et biologique et cette conception l'aurait éloigné de la psyché, puisque ces registres ne sont jamais identiques, bien qu'ils soient complémentaires. Le psychisme a été défini par Freud (1856-1939), comme l'a dit Birman, comme le lieu des représentations et, pour Lacan, des signifiants. C'est pourquoi la psychanalyse travaille au niveau du déchiffrage des représentations et des signifiants (Birman, 2001 : p.53-54). Comme tente de le montrer Birman,

> le corps-organisme a été colonisé par la médecine et la psyché désincarnée a été livrée à la psychanalyse. Le sujet est ainsi partagé entre savoirs et pratiques cliniques, au détriment non seulement de la psychanalyse, mais surtout des subjectivités souffrantes. Cependant, il est nécessaire de ne pas confondre les deux registres en question. Il ne fait aucun doute que l'organisme est strictement biologique. (...) Si l'organisme était soumis aux règles de la rationalité biologique, le corps serait traversé par des forces pulsionnelles qui lui sont irréductibles. De plus, il est entièrement traversé par l'altérité, ce qui n'est pas le cas de l'organisme, que l'on peut qualifier de solipsiste (ensemble individuel de sensations), c'est-à-dire tourné sur lui-même et inscrit dans l'absolu de l'immanence (Birman, 2001 : p.58-59). (...) On peut alors parler du corps comme d'un territoire occupé de l'organisme, c'est-à-dire comme d'un ensemble de marques imprimées *sur* et *dans* l'organisme par la réflexion promue par l'autre. Et en ce sens, il nous semble que le moi a été conçu comme étant corporel et comme la projection d'une surface (Birman, 2001 : p.62).

Il n'y a pas de valeur et/ou d'utilité dans l'analyse des significations et des représentations humaines si nous ne les lions pas, dans une certaine mesure, à l'esthétique, car c'est ce concept qui donne à l'*être le* sentiment de bien-être qui l'amène à apprécier la vie, avec ses vertus et ses plaisirs et, avec cela, à s'immerger dans ce monde et en lui-même, en se constituant comme *être*. Platon disait que la beauté est en elle-même, de manière absolue et temporelle, comme l'a rappelé le philosophe espagnol Adolfo Vasquez (1915-2011). En d'autres termes, la beauté serait une idée, ce qui la ferait exister indépendamment de l'objet considéré comme beau (Vasquez, 1999 : p.36).

Il existe bien sûr d'autres conceptions de la beauté, comme le souligne Vasquez, telles que l'esthétique chrétienne et médiévale, qui affirme que tout ce qui peut être mesuré et qui forme un ordre et une proportion est beau. Pour la Renaissance, la beauté est l'intégration mutuelle des parties. Quoi qu'il en soit, jusqu'à cette époque, la beauté était considérée comme une qualité des choses et non des hommes (Vasquez, 1999 : p.37). Mais à l'époque moderne, la question a changé d'orientation et la beauté est devenue une qualité provenant de, *dans* et *par les* personnes, les *êtres,* et non quelque chose d'intrinsèque aux objets, à tel point que le philosophe écossais David Hume (1711-1776) est allé jusqu'à dire que la beauté n'existe que dans l'esprit de celui qui regarde (Hume *Apud* Vasquez, 1999 : p.37), rappelant la conception de Kant selon laquelle un bel objet est un objet qui procure du plaisir à l'*être* et qui naît de la relation entre le sujet et l'objet. Cependant, Vasquez a également déclaré que

> S'il est vrai que toute beauté est esthétique, toute esthétique n'est pas belle. La sphère de l'esthétique (...) est plus large que celle du beau (...) Le beau ne peut pas constituer le concept central de la définition de l'esthétique, car celle-ci serait limitée en excluant l'esthétique non belle de son objet d'étude ; ou insuffisante en considérant le beau comme une seule forme d'art historique et déterminée : le classique ou le classicisme. D'autre part, lorsque la beauté est conçue de manière idéaliste et métaphysique, cela nous oblige à accepter les prémisses correspondantes : le royaume des idées chez Platon, l'absolu chez Schelling ou l'idée absolue chez Hegel. Mais l'esthétique devient alors un appendice ou une illustration de la métaphysique (Vasquez, 1999 : p.39).

Comme nous l'avons analysé jusqu'à présent, les êtres humains sont largement mus par la statique. Une *"Unité Existentielle" peut être* vue et touchée ; nous nous y déplaçons concrètement, mais aussi symboliquement ; c'est ce que nous sommes, individuellement, et le résultat de la manière dont nous nous insérons dans le collectif qui fait qu'il est ce qu'il est, ou plutôt ce qu'il est en train d'être, existentiellement, pour ainsi dire, à travers l'espace-temps humain. Dans cette perspective, nous sommes citoyens parce que nous vivons et, plus encore, parce que nous vivons intensément nos *"Territoires Urbains-Existentiels".*

L'ÊTRE DU TERRITOIRE, LE TERRITOIRE DE L'ÊTRE ET L'ESPACE URBAIN (MOI) : LA GÉOGRAPHIE DU CORPS HUMAIN OU DE LA CORPORALITÉ

Chez Heidegger, l'espace reçoit son *être* des lieux et non de lui-même ; chez Descartes, l'espace est le large et le lieu, un point du corps situé dans l'espace ; chez Aristote, il y avait une relation géographique entre le lieu et l'espace, dans cet ordre, mais à partir de cette idée, toujours chez Descartes, cette conception a disparu et, ainsi, toute possibilité d'une ontologie de l'espace serait morte : c'est ce que le professeur et géographe Ruy Moreira (2007 : p.79) nous a enseigné. Est-ce bien le cas ?

Le lieu est un concept que l'on peut associer à l'"identité" ou, en d'autres termes, comme la chambre à coucher d'une personne, qui reflète le degré d'organisation de son propriétaire, l'*espace urbain (UE),* ses territoires et ses lieux, sont le résultat direct de la culture sociale qui les a engendrés, qui les a (re)façonnés, qui les fait exister de manière plus ou moins pulsée. Si Heidegger a raison de dire que l'espace reçoit son *être* des lieux, on peut, par analogie, dire que l'espace reçoit son *être des* identités sociales qui l'ont fait exister.

L'existence de l'entité *Espace urbain (UE)* est une fonction directe de la spatialité qui réside dans ce que nous pouvons appeler le grand *"être social"* qui l'a construit, pour ainsi dire, matériellement et immatériellement : la population et ses dynamiques politiques, historiques, économiques et environnementales, en un mot, culturelles. L'espace géographique, dans toutes ses classifications et variations, comme l'espace urbain, est un espace parce que les *êtres* qui lui donnent un sens existentiel, les personnes en tant que collectif, sont pleins de significations, de perceptions, de représentations et d'actions de spatialisation. L'espace est espace parce qu'il *sera* ou peut être son propre espace.

L'existence de l'*être n'*existe, socialement, que dans la coexistence, pas toujours harmonieuse, il est vrai, avec d'autres existences, individuelles ou collectives, mais elle existe aussi dans une certaine (saine) contradiction, et le médiateur politique et juridique de cette relation est l'État, qui, depuis Thomas More (14781535), Thomas Hobbes (1588-1679), Montesquieu (1689-1755) et Rousseau (17121778), du moins en théorie, est l'organisateur politique des territoires nationaux et le détenteur institutionnel de la souveraineté populaire pour agir au nom de la collectivité, détenant, par exemple, le monopole de la condition de recourir légitimement à la violence au nom du bien-être social, entre autres devoirs qui lui sont inhérents, pour garantir la sécurité de tous et la prospérité générale.

C'est ainsi que fonctionne, du moins en théorie, ce principe d'organisation sociale par l'Etat. Le pouvoir (social) organise juridiquement et politiquement l'existence de l'*être* et des existences sociales, et celles-ci se constituent à partir de ces limites, donnant naissance à ce que nous appelons des *"Territoires Existentiels"* dans le monde, lieux symboliques (bien que liés à la matérialité) où l'*être* prend le pouvoir, tantôt en conflit, tantôt en harmonie, avec les autres *êtres et avec les* groupes sociaux dans lesquels ils vivent. L'*être d'*un *"Territoire existentiel"* peut-il être défini à partir du pouvoir qui l'identifie et de l'exercice de ce pouvoir qui le forge ?

Rappelant Henri Bergson (1859-1941), Bachelard (1884-1962) dit que nous avons une expérience intime et particulière de la durée temporelle. La physique, par exemple, dit Bachelard, a fait de la durée un temps uniforme, sans terme ni discontinuité ou, comme il le dit, sans vie, à tel point que, pour lui, les physiciens "cèdent *aux mathématiciens un temps entièrement déshumanisé"* (Bachelard, 2007 : p.21). Ainsi, poursuit Bachelard dans son raisonnement, le temps finit par se réduire à une variable géométrique (2007 : p.21). Au milieu de ces considérations, Bachelard s'est demandé ce qu'était l'instant pour Bergson et sa réponse a été qu'il n'était rien d'autre qu'une "*coupe artificielle qui aide à la compréhension schématique de la géométrie"* (Bachelard, 2007 : p.21).

Sans autre raison que ce qui a été dit jusqu'ici, Bachelard conclut, confirmant les conceptions antérieures d'Aristote, de Platon et de Saint Augustin, que le présent n'est rien, coincé entre le passé et le futur, à tel point qu'on ne peut même pas vraiment séparer l'un de l'autre et que cela en ferait, d'un point de vue métaphysique ou existentialiste, un *être* qui ne peut pas transporter son *être* d'un instant à l'autre et se donner ainsi une durée (Bachelard, 2007 : p.21).

Cela dit, Bachelard s'est aussi demandé comment le réel peut échapper à la marque de l'instant présent, si mon *être* ne prend conscience de lui-même que précisément dans cet instant présent, seul moment d'expérience de la réalité (Bachelard, 2007 : p.17-18). De plus, la durée n'aurait pas de force directe, puisque le réel n'existerait qu'à travers l'instant isolé dans le présent. Cependant, Bachelard souligne une contradiction : l'être *est* un lieu de résonance de ce qu'il appelle le *" rythme des instants "* et, par conséquent, cet *être* doit nécessairement avoir un passé, tout comme, dans l'exemple de l'auteur, un écho a une voix (Bachelard, 2007 : p.55).

Et maintenant ? Une conclusion possible, selon Bachelard, est que le passé assumerait ainsi ce qu'il appelle le *"poids de la réalité",* avec le futur comme contrepartie, une entité *"sans profondeur", dans le sens où* elle *n'aurait "aucun lien solide avec la réalité"* (Bachelard, 2007 : p.56). Cependant, l'*être futur* n'est pas fondé sur la substance, mais sur les possibilités, sur le devenir, qui se construit à partir des transcendances de l'*être dans l'*instant qui, au moment où il se produit, a déjà cessé d'être le passé sans pour autant être devenu l'ultériorité. La profondeur de l'*être* futur réside donc dans les possibilités étendues du devenir de l'*être présent*. D'autre part, comme le soulignait Bachelard, " *le passé laisse une trace dans la matière ; il place donc un reflet dans le présent ; il est donc toujours vivant de manière maleriale "* (Bachelard, 2007 : p.63).

Sartre disait que l'*être* n'est pas, il est rendu possible. Pour la même raison, le philosophe brésilien Paulo Freire (1921-1997) a dit que le monde n'est pas, il est l'être. Cela caresse notre existence et offre aux oreilles de l'âme la mélodie d'un mouvement continu de possibilités et non de certitudes durables. Il est clair que, pour certains, une telle idée génère une incertitude désagréable et qu'ils s'accrochent aux certitudes incertaines de l'existence, comme sa pérennité, faisant que l'*être, parfois,* tient à peine debout. Comme l'a écrit Milan Kundera, nous existons dans une relation de "légèreté insoutenable de l'être". Mais du point de vue que nous proposons, nous n'existons pas avec l'avenir "écrit" : pouvoir l'"écrire" est un soulagement. Redimensionner et donner un nouveau sens à nous-mêmes, à notre histoire et à nos espaces est quelque chose de très bienvenu.

L'espace urbain est une entité collective, avec sa propre "personnalité" et sa propre "apparence" ou, en d'autres termes, avec ses règles de coexistence sociale et d'éthique existentielle, avec son esthétique et sa jouissance matérielle. Dans une certaine tentative de rapprochement avec la psychanalyse, si nous jouons avec l'expression *"Espace urbain", en* lui cherchant un acronyme, nous pourrions penser au *"je", c'est-à-dire à* un grand "individu collectif", qui crée historiquement, culturellement, environnementalement, politiquement et économiquement ses propres espaces, dont le premier plan de lecture pourrait être ce que nous appelons conceptuellement le "paysage" et dont la "conscience" est l'idéologie hégémonique qui dicte le cours de la vie sociale.

Le *"je subjectif"* interagit, mais est aussi confronté, au quotidien, au *"je collectif et social"* analysé ici. La corporéité de l'*être-au-monde* (Heidegger) dans ses projets d'essentialisation de l'existence (Sartre) est vitale pour la constitution des territoires sociaux ou, plus précisément, pour le territoire qui nous intéresse ici : le *Territoire Existentiel* qui est, du point de vue adopté, une qualification spatiale de l'*être* (citoyen), si l'on peut dire, et qui est donc le résultat des perceptions, projections et actions de l'*être,* collectivement, qui agit, politiquement, plus ou moins consciemment, dans chaque " *Unité Existentielle* ". Ce processus forge symboliquement des *"Territoires Urbains-Existentiels".* Ceux-ci pourraient être des conceptualisations de ce que nous appelons la *"Géographie du corps humain ou de la corporéité"".*

À ce stade, quelques questions se posent.

1 - Toute forme d'intervention urbaine a-t-elle le pouvoir de modifier le *"paysage" de* ce que l'on peut, somme toute, appeler l'*espace existentiel de l'être urbain,*

un espace subjectif, mais imprégné de la culture urbaine dans laquelle il naît, baigne et interagit ?

2 - Existe-t-il, en effet, ce que nous appelons ici "l'*être des territoires existentiels"*, *que nous appellerons désormais* "l'*être politique"* (puisque le territoire *est lié* au concept de pouvoir) ou, pour les besoins et les limites de notre recherche, "l'*être citoyen"* ou simplement "le *citoyen"* ? Il s'agit d'*une* question rhétorique que nous nous sommes posée, dans le but d'enquêter sur mes propres pensées et déductions - voici la question que nous nous sommes posée pour une éventuelle vérification future.

3 - Comment pouvons-nous cartographier cet *espace existentiel de l'être urbain et ses "territoires existentiels urbains"* ?

Ou, pour le dire autrement, cette question a-t-elle un sens, géographiquement parlant ? Voyons ce que dit Heidegger :

> La présence devait être délimitée par rapport à une manière d'être dans l'espace, que nous appelons l'intériorité. Cela signifie : un être constitué en lui-même par l'extension et entouré par les limites extensives de quelque chose d'extensif. (...) Dans la mesure où (...) l'être intramondain est aussi dans l'espace, sa spatialité est également en relation ontologique avec le monde. (...) La spatialité spécifique de l'étant lui-même (...) se trouve dans le monde environnant, elle est fondée sur la mondanité du monde et non l'inverse, c'est-à-dire que le monde est simplement donné dans l'espace (Heidegger, 2002 : p.148-149).

Les bonnes questions sont souvent plus importantes que leurs réponses, car elles ouvrent de nouvelles voies et réflexions. Nous n'avons pas ces réponses, mais si elles existent, ce ne sera certainement pas seulement en intervenant sur les paysages physiques et visibles qui complètent l'existentialité, qui constituent ce que nous appelons ici la *"dimension géométrique de l'espace (urbain)", mais en* agissant, tous et pas seulement quelques-uns, de manière cohérente et collective, et non de manière excluante, dans ce que nous appelons la *"dimension existentielle de l'espace (urbain)"*.

L'être serait donc la présence de l'*être* devant lui-même et, pour cette raison, l'*être* s'interroge sur son *être, c'est-à-dire* sur son essence, qui lui donne un sens. Ainsi, l'être *qui* s'interroge sur son propre *être* est une représentation essentielle dans le devenir de cet *être*. Le fait que l'intériorité de l'*être* puisse être décrite comme une présence spatiale signifie que l'*être-au-monde* (le *Dasein* heideggérien) n'est pas dépourvu de spatialité, bien au contraire. L'existence, même si l'on veut se référer au symbolique, au métaphysique, au religieux ou à toute autre référence, est fondamentalement spatiale. Il convient donc de dire que la spatialité intramondaine, l'intériorité, relie ontologiquement l'*être* au monde, ce qui permet de spéculer sur une *géographie du corps humain ou de la corporéité* - le corps circule dans l'espace, interagit avec lui et le remodèle de manière plus ou moins consciente et symbolique, rationnelle et matérielle.

Heidegger a déclaré qu'*"en attribuant une spatialité à la présence, nous devons naturellement concevoir cet "être dans l'espace" à partir de son mode d'être"* (2002 : p.152). Pour Heidegger et, en général, pour les existentialistes comme Sartre, la distanciation de l'*être par rapport à* lui-même lui est inhérente. Pour Heidegger, deux *êtres* ont un intervalle qui se manifeste par la distance (2001 : p.153) et par la direction de l'*être* dans sa plongée en lui-même sans pour autant s'identifier pleinement à lui-même, puisque cette identification est impossible si l'on se réfère à l'*être* ou, selon les termes de Sartre, au *Néant* (Sartre, 1997) ; un tel écart se manifeste dans la distance (2001 : p.153).

La procédure ë cependant non seulement possible, mais obligatoire pour l'objet, qui est toujours ce qu'il est, et ne peut cesser d'être ce qu'il est, contrairement à l'*être, à partir du* moment où il se perçoit comme tel parce qu'il se voit comme distant de l'objet qu'il n'est pas et se voit en présence de l'*être, dans* toute la plénitude de sa spatialité, ou en son absence, puisque cela ne l'élimine pas de son projet d'*être,* parce que l'*être ne se* définit pas par la matérialité, mais par l'existentialité. Rappelons que, pour Heidegger, la distanciation est *"une approximation à l'intérieur de l'environnement. (...) Dans la présence réside une tendance essentielle à la proximité"* (Heidegger, 2002 : p.153).

Nous pouvons conclure que, puisque l'être occupe toujours un espace dans le monde et, en un certain sens, dans son propre *être,* lorsqu'il est interrogé, il est essentiellement spatial, matériel et symbolique ; sa présence occupe toujours sa place dans le monde. Nous ne vivons pas seulement dans l'espace, bien que nous y vivions ; nous sommes, d'une certaine manière, l'espace lui-même, parce que nous le constituons et sommes constitués par lui ; l'*être* spatial *et l'espace et* ses catégories (lieu, paysage, territoire, réseaux/flux) ont leur essentialité, constituée dans le déroulement des projets d'*être des* personnes et des groupes sociaux. L'*être* est spatial et temporel. Pour Heidegger, *"l'espace est d'abord découvert dans cette spatialité". Sur la base de la spatialité ainsi découverte, l'espace lui-même devient accessible à la connaissance"* (2002 : p.161). Pour le philosophe allemand,

> L'espace ne peut être conçu qu'en se tournant vers le monde. On ne peut accéder à l'espace de manière exclusive ou primordiale en démonétisant le monde environnant. La spatialité ne peut être découverte qu'à partir du monde, et ce de telle sorte que l'espace lui-même est également constitutif du monde, conformément à la spatialité essentielle de la présence, en termes de constitution fondamentale de l'être-au-monde (Heidegger, 2002 : p.163).

Selon Henri Lefebvre (2000), reprenant Gramsci, la domination politique s'*exerce* sur l'ensemble de la société et l'espace social ne peut que se construire sur l'hégémonie de certains groupes et classes dominants. Lefebvre montre que l'espace finit ainsi par servir l'hégémonie et affirme que l'hégémonie s'exerce, en grande partie, à travers l'espace.

Ainsi, pour revenir à ce que nous avons vu précédemment, au chapitre 1, c'*est la* pratique spatiale, associée à la réalité sociale, qui donne lieu à ce que Lefebvre appelait l'*espace perçu*. Il faut aussi conceptualiser, encore une fois, ce que le philosophe social appelait l'*Espace conçu*, qui serait ainsi défini par les scientifiques et les urbanistes, et une telle conception aurait conduit beaucoup à identifier l'Espace perçu à l'Espace conçu. Pour l'auteur, nous avons aussi l'Espace de *représentation,* qui est l'*Espace vécu* lui-même, parce qu'il est plus expérimenté que conçu et, de ce fait, peut mêler idéologie et connaissance au sein d'une pratique socio-spatiale. Et s'il y a production sociale, pour Lefebvre, il y a processus productif de l'espace. Ainsi, l'auteur insère, on s'en souvient, son quatrième concept de type spatial : l'*Espace Approprié* (Lefebvre, 2000) - ce concept étant valable à la fois pour le niveau concret, la matérialité des objets spatiaux tels que le mobilier urbain, et pour le niveau symbolique, tel que l'image intangible mais perceptible de la ville que nous façonnons tous dans notre vie quotidienne, construite concrètement et discursivement.

Tout discours - et les forces hégémoniques, concept gramscien qui peut et doit aussi être pensé comme son pendant, les forces contre-hégémoniques - a son discours spatial - il engendre du sens, et celui-ci ne peut être conçu et compris qu'à partir du cadre culturel et/ou idéologique dans lequel il a été généré et dans lequel il circule. Selon Veron,

> le sens concerne la production du dispositif signifiant : lorsqu'une expression est utilisée à la place d'une autre, le sens change. La dénotation concerne le "monde" construit par le langage et tout langage construit le monde, qu'il soit proposé comme imaginaire ou comme réel, comme abstrait ou comme concret, comme signifiant ou comme "purement" matériel (1980 : p.179).

L'idéologique tisse le mode d'action du sens produit ; il ne peut donc être confondu avec le sens en soi. Véron définit ainsi ce qu'il entend par le concept :

> Une idéologie n'est pas un répertoire de contenus (...) c'est une grammaire de l'engendrement du sens, de l'investissement du sens dans des matériaux signifiants (...) il faut avoir les moyens de décrire un système fini et dénombrable de règles d'engendrement pour rendre compte d'une production de sens qui est finie (1980 : p.192-193).

L'idéologie, dans la conception de Véron ci-dessus, est l'un des facteurs qui nous permet d'appréhender le monde et ses représentations sociales ; c'est la contemplation de ce monde qui permet à l'*être d'*appréhender l'objet. Et lorsque l'*être contemple* un objet quelconque et parvient à l'appréhender, dit Heidegger, cela permet à l'*être d'*accéder à cet objet en tant que signifiant, c'est-à-dire que l'*être* construit pour lui-même la compréhension de son essence, mutée par les multiples possibilités dans le devenir de cet *être* ; c'est ce que le philosophe appelle l'*'" esbogo structurel "* qui révélerait la manière dont l'objet atteint l'*être* (Heidegger, 2007). La compréhension de l'essence (variable et changeante) de l'*être se* façonne et se révèle à partir de son ouverture qui, de notre point de vue, ne serait rien d'autre que la temporalité humaine, l'horizon de la compréhension dont il est question ici, puisque l'*être,* pour Heidegger, est *" agité de sa propre fmitude "* (Heidegger *Apud* Cerezer, Flores & Zanardi, 2012 : p.71-72). Cela fait du *Dasein* un *être-au-monde,* un *être-ai,* une présence, comme l'a classifié Heidegger, et toute présence est, rappelons-le, dotée d'une spatialité. L'homme, en tant qu'*être-là,* n'existe que lorsqu'il est relié au monde et au temps du monde, où il vit et avec lequel il interagit (Heidegger, 2007). C'est pourquoi Heidegger disait que l'horizon de compréhension et d'interprétation de l'*être* se révèle *dans* et *par la temporalité ;* l'*être* et l'*étant* forment, pour lui, un seul système de *situation-dans-le-monde* et ce système génère la conscience d'être un être conscient (Heidegger, 2007) - de lui-même et du monde.

RÉSULTATS PRÉLIMINAIRES

1 - Le corps a été "dépsychologisé" dans le sens où, à l'époque moderne, surtout depuis la psychanalyse, il a été réduit, comme dans la médecine occidentale, aux enregistrements et aux effets somatiques de ses aspects biologiques et anatomiques. Or, le corps suit les projets d'existence de l'être, ce qui génère la dimension existentielle de ses espaces. C'est la base de la réflexion sur ce que nous appelons ici la *géographie du corps humain* ou la *corporéité.* Le corps humain, dans la perspective que nous essayons de penser, à savoir qu'il est biologique, mais aussi conscient et que les deux sont confondus, est en relation avec d'autres organismes (corps) dans l'environnement et s'organise pour exister territorialement.

2 - Pour Veron, le sens social (quelque chose de plein de sentiment) vient du collectif et ce sens conduit les sociétés vers de nouveaux sens, c'est-à-dire de nouvelles valeurs et de nouvelles choses importantes. Le sens est l'acte de signifier ou de donner de la valeur. Et qu'est-ce que l'idéologie ? Ce n'est pas un répertoire de contenus, mais une grammaire pour engendrer des sens et des significations. La connaissance, même scientifique, étant le résultat de pratiques et d'affrontements sociaux, aucune connaissance ne peut être considérée comme neutre, même si certains courants philosophiques le considèrent comme tel. N'étant pas neutre, il y a toujours une idéologie derrière les discours et les actions politiques qui modifient nos sphères, même si elle n'est pas assumée. Cette idéologie, tant au niveau des subjectivités que des intersubjectivités, forge les *"Territoires Urbains-Existentiels" des* Villes, que nous classons dans cette recherche comme des *"Unités Existentielles"*. *C'*est ainsi que naît dans le monde l'une des possibilités du futur projet d'*être des* personnes : l'*"Être politique"* ou le *"Citoyen"*.

    3 - Le corps est un moyen d'expression de la conscience et la dimension existentielle émerge à travers le corps, dans les sujets et les actions des groupes sociaux et dans l'interaction entre ces deux agents. Le corps humain ressent, perçoit, expérimente et interagit avec le monde. La conscience l'appréhende, dans sa projection intentionnelle et temporelle vers l'objet-monde. Il s'agit d'un deuxième facteur, que nous pouvons ajouter à ce qui a été dit dans la section précédente et aux hypothèses préliminaires élaborées au chapitre 1, qui peut donner un sens à la *géographie du corps humain ou à la corporéité.*

Chapitre 3

Espago Urbano (UE) : Unités existentielles et territoires urbains - Unités existentielles dans les constructions spatiales pour de nouveaux modes de vie dans les villes

> *Nous avons le droit d'être égaux lorsque la différence nous rend inférieurs ; nous avons le droit d'être différents lorsque l'égalité nous rend inégaux.*
> Boaventura de Souza Santos, sociologue portugais

> *La science est faite de faits, tout comme une maison est faite de pierres ; mais une accumulation de faits n'est pas de la science, tout comme un tas de pierres n'est pas une maison.*
> Henri Poincaré (1854-1912), mathématicien et physicien français

BRÈVE PRÉSENTATION

Dans ce troisième et dernier chapitre, le lecteur trouvera quelques réflexions dans lesquelles nous tenterons de relier, de manière plus explicite, les concepts et les idées analysés dans les deux chapitres précédents, dans le but de prouver l'objectif général de notre recherche post-doctorale en Géographie Humaine, qui était d'essayer de comprendre un peu plus que ce qui a déjà été recherché sur le sujet, comment l'*être,* subjectivement parlant, se constitue dans l'une de ses possibilités, celle d'être un " *Être politique* " ou, comme on l'appelle communément, un " Citoyen ", et comment, en prenant une position politique vis-à-vis de la culture urbaine dans laquelle il vit, il se constitue et contribue à son groupe social, à travers lequel il vit, et dans lequel il se trouve, un "Citoyen", et comment, en prenant une position politique vis-à-vis de la culture urbaine dans laquelle il vit, il se constitue et contribue à son groupe social, dans lequel il se déplace et avec lequel il interagit, en forgeant ce que nous appelons, depuis notre doctorat, son *"Unité Existentielle",* que dans notre recherche nous classons comme synonyme de la ville, et aussi comment ce processus réalise les unités existentielles que nous appelons, dans cette recherche post-doctorale, *"Territoires Urbains-Existentiels".*

TERRITORIALITÉS DE LA VIE (SOCIALE) : UN PROJET POUR DES EXISTENCES URBAINES MULTIPLES

Le géographe Milton Santos disait que décoloniser, c'est regarder le monde avec ses propres yeux. Cette idée en rappelle une autre du dramaturge allemand Bertold Brecht

44

(1898-1956), qui disait qu'il fallait regarder le monde avec des yeux étranges et étonnés. En d'autres termes, les deux penseurs nous renvoient à quelque chose d'essentiel pour le chercheur : regarder, observer et aller bien au-delà de la simple apparence des choses, des personnes, des sociétés et des phénomènes. Observer pour voir les différences ; voir les différences non pas pour discriminer, mais pour trouver la meilleure façon d'intégrer.

Santos a défini brièvement le territoire, dans une traduction libre et quelque peu simpliste de notre part, comme une extension appropriée et utilisée de l'espace. De manière extensive, la territorialité peut être le sentiment de défendre un espace pour y vivre et y reproduire la vie. Pour Santos, "l'*utilisation d'un territoire peut être définie par l'implantation d'infrastructures, pour lesquelles nous utilisons également le terme de systèmes d'ingénierie, mais aussi par le dynamisme de l'économie et de la société*" (Santos & Silveira, 2001 : p.21). Santos a également classé le territoire comme une *entité* imprégnée d'informations et issue des flux qui le traversent et qui ont une existence et une influence sociales. Il a appelé cela "*l'environnement technique, scientifique et informationnel*", qui est, selon lui, "*l'expression géographique de la mondialisation*" (Santos & Silveira, 2001 : p.21). Dans cette mondialisation, pour que le territoire puisse remplir, dans une division territoriale du travail, les fonctions qui lui sont assignées par le capital, une régulation politique et marchande est nécessaire (Santos & Silveira, 2001 : p.21-22), c'est-à-dire une régulation/organisation par des groupes hégémoniques - qui serait façonnée pour eux.

Les gens ? Ils sont souvent, et pour la plupart, considérés comme des accessoires secondaires de modes de vie pré-moulés pour une "ville-marchandise" et ses transactions commerciales. Ceux qui ne s'intègrent pas deviennent marginalisés ou, pour utiliser une terminologie déjà en vogue chez certains penseurs de la géographie, tels que Rogerio Haesbaert, deviennent déterritorialisés (dans l'une des interprétations possibles du terme). En d'autres termes, le territoire, dans ce sens, serait un lieu de l'espace géographique qui a subi un processus de qualification et d'autonomisation par ceux qui l'ont fait apparaître dans le monde et qui le recontextualisent, philosophiquement, culturellement, environnementalement, économiquement et politiquement. C'est pourquoi, au sein d'une même société, il est possible d'avoir différents arrangements territoriaux, plus ou moins spontanés, et cela est d'autant plus aigu, perceptible et visible que l'espace urbain de cette société est grand et complexe, qu'il a, dans ses structures physiques, ce que nous appelons la "*dimension géométrique de l'espace*", *la* base matérielle des sujets urbains et les bases existentielles-urbaines plus symboliques, imaginaires et relationnelles des citoyens et des groupes sociaux qui y vivent, s'y déplacent et interagissent avec lui, ce que nous appelons la *"dimension existentielle de l'espace"*.

L'*Espace Urbain (UE)* peut être, dans une conception existentialiste, une relation de perception et d'échange et, en tant que tel, en intégrant Gramsci dans cette construction idéale, le générateur d'une relation territoriale de pouvoir et d'hégémonie et de contre-hégémonie philosophique, sociale, culturelle, environnementale, économique, politique et... territoriale, autant ou plus au niveau de l'existence que de la matérialité des choses et des phénomènes sociaux. Dans la Grèce antique, un citoyen était un homme blanc et riche. Et qui était riche ? Ceux qui possédaient la terre, principal facteur de production de l'époque, dont l'importance est d'ailleurs toujours aussi grande aujourd'hui. En d'autres termes, la citoyenneté et le territoire sont intimement liés depuis des siècles dans l'histoire de l'humanité. La construction de nos espaces, comme les espaces urbains, n'est pas une tâche simple et, tout comme en science, comme nous l'a montré Poincaré, nous devons planifier étape par étape, de manière imbriquée et en interaction.

Un lieu et un groupe social, s'ils ne sont pas, d'une certaine manière et dans une certaine mesure, intégrés dans la ville à laquelle ils appartiennent ou devraient appartenir, créent leurs propres "lois", même s'ils sont en dehors du cadre juridique, politique, économique, culturel et environnemental local, ce qui projette une image de la ville différente de celle construite par les personnes qui vivent ailleurs. Là encore, on assiste à une opposition entre l'Espago Vivido et l'Espago Concepido. L'Espago Apropriado peut finir par être le résultat de ce conflit. Comme l'a montré le géographe Jorge Luiz Barbosa,

> l'image de la ville désordonnée joue un rôle important dans la conduite des pratiques sociales d'intervention et de gestion des villes, dont les conséquences les plus immédiates commencent à se manifester, comme la production de nouvelles formes d'hégémonie sociale à travers la requalification de l'espace urbain. (...) La revendication d'un nouvel ordre urbain capable de restaurer la coexistence civilisée est devenue l'un des clichés de légitimation les plus vigoureux des stratégies urbano-architecturales d'aujourd'hui (Barbosa, 2007 : p.126).

Le professeur attire l'attention sur le fait que les pratiques susmentionnées ont conduit à une vision politique des villes comme une sorte d'*"hypermarché de symboles du fétichisme de la marchandise"* (Barbosa, 2007 : p.128). De nouvelles images de la ville ont émergé de ce processus ; l'espace est standardisé, imité et devient de plus en plus une source de *plus-value, en plus de* ses fonctions les plus élémentaires et fondamentales, telles que le logement et le transport des personnes, ou même en plus de celles-ci.

Comme de nombreuses grandes métropoles mondiales, Rio de Janeiro a été préparée pour servir de base au nouveau concept des "villes intelligentes". Une ville intelligente est un investissement dans le capital humain et les infrastructures, en particulier dans l'utilisation des technologies de l'information et de la communication (TIC), afin de permettre un développement urbain durable et une amélioration de la qualité de vie des habitants de ces villes. L'idée est de créer des systèmes "intelligents" pour une plus grande interaction entre les personnes et, surtout, entre les entreprises et les gouvernements, dans le but de stimuler l'économie locale.

Une nouvelle logique de reproduction du capital émerge de cette conception spatiale, c'est-à-dire de la construction matérielle et immatérielle de l'espace urbain en tant que lieu fixe pour les flux mondiaux - et les grandes villes en particulier ont été préparées à cela. Les villes, mais pas nécessairement les habitants, pour la plupart. Au contraire, ces personnes ont été systématiquement exclues du soi-disant "progrès social" capitaliste ; elles ont été déterritorialisées. *"Être citoyen"*, cette *entité* urbaine dotée d'une spatialité intrinsèque à son existence même, est vidée de son sens politique et géographique.

Dans un projet d'élitisation des villes et de leurs "espaces publics", cela peut être au moins ressenti, sinon vérifié rationnellement. Ce nouveau traitement de l'espace urbain a modifié la fonction des villes, visible dans leurs paysages et leur mobilier, et a généré de nouvelles territorialités souvent très disparates. Ce phénomène, dans les grandes métropoles comme Rio de Janeiro, peut conduire à un étalement politique, économique, culturel, environnemental et territorial qui, sans exagération, signifie qu'il y a plusieurs "Rios de Janeiros".

Lorsque Lefebvre (1901-1991) affirme, dans son livre classique *"Espace et Politique"* (2001), que les sociétés modernes ont un "droit à la ville", il se réfère au fait qu'aucune personne ne peut en être exclue, puisque cela reviendrait à l'exclure de la société elle-même. Ajoutons que, dans ce cas, cette personne ne peut même pas être appelée "citoyen", ce qui fait de ce concept non seulement une idée politique, mais aussi une idée territoriale, dans une nouvelle référence à l'origine conceptuelle du pouvoir, qui est en vigueur au moins depuis la Grèce antique, liant la politique au territoire. C'est pourquoi Lefebvre a déclaré dans le même livre que le droit à la ville est le processus de (re)constitution d'une unité spatio-temporelle au lieu d'une fragmentation. En d'autres termes, le droit à la ville n'est pas une étude de la "science de l'espace", mais la connaissance et l'organisation que nous devons avoir pour comprendre et appréhender une *production d'espace* (perçu - conçu - vécu - approprié). Ainsi, l'espace urbain post-moderne ou hyper-moderne a, pour l'essentiel, autour du monde capitaliste, sa valeur d'usage et d'échange, et est lui-même une source rentable de *plus-value, autrement dit, dans l'*ouvrage de Lefebvre *"La ville du capital",* ce que nous avons, c'est un *espace différentiel* (Lefebvre, 2001). Pour le philosophe social, la ville capitaliste est le lieu privilégié de l'accumulation du capital (Lefebvre, 2001 : p.58).

La territorialité, qui, dans le contexte de notre recherche, peut être comprise comme la présence des *personnes* et de leurs groupes sociaux, en relation avec eux-mêmes, en interaction avec le monde qui les entoure. Le territoire est en soi un lieu. Il constitue l'identité d'un lieu et (re)définit les territoires physiques et existentiels, l'histoire humaine étant une condition de base pour la re-signification des espaces sociaux, tels que les zones urbaines et leurs quartiers. Le pouvoir en conflit peut transformer un lieu en territoire et le groupe qui l'hégémonise peut le (re)transformer en un nouveau lieu, dans une relation d'autant plus diathétique que ses acteurs (sociaux) sont conscients de ce processus. Repenser les lieux et les territoires, c'est réfléchir aux conditions d'organisation de la vie (sociale) ou, en d'autres termes, c'est donner naissance à différents *"Territoires (ou Unités) Existentiels"* dans le monde, qui englobent à la fois leur matérialité et, surtout, leur immatérialité.

Dans un exemple possible de territorialité existentielle, Jailson de Souza e Silva pose la question suivante : qu'est-ce qu'une favela ? Et la réponse qui émerge généralement est celle d'un lieu où, comme le dit le géographe, *"le discours du manque règne"* (Souza e Silva, 2007 : p.211). Pour reprendre les termes de Jailson : *"L'axe paradigmatique de la représentation de cet espace populaire est la notion d'absence. La favela est définie par ce qu'elle n'est pas ou ce qu'elle n'a pas"* (Souza e Silva, 2007 : p.211). Jailson légitime son discours, entre autres arguments, en utilisant la définition de la favela dans le plan directeur de la ville de Rio de Janeiro : *"Favela - zone essentiellement résidentielle, occupée par des personnes à faibles revenus, avec des infrastructures et des services publics précaires, des routes étroites au tracé irrégulier, des parcelles de forme et de taille irrégulières et des constructions sans permis qui ne respectent pas les normes légales".* Non pas que les favelas ne soient pas cela, mais en accord avec Jailson, ne sont-elles que cela ? Bien sûr que non. Comme le montre le professeur, il s'agit d'une définition basée presque exclusivement sur le paysage, ce qui a certainement facilité, conformément à l'affirmation de Barbosa, les *"demandes de travaux d'infrastructure, présentes dans un grand nombre d'occupations"* (Souza e Silva, 2007 : p.213) et les interventions préparatoires pour les nouvelles accumulations capitalistes.

Il nous semble que la légitimité du projet capitaliste hégémonique de la ville et du quartier (lieu urbain complexe) est d'autant plus grande que les habitants/citoyens adhèrent également à une image urbaine hégémonique projetée et vécue, au-delà de celle perçue et appropriée par les citoyens.

Pour autant que nous le sachions, l'un des premiers penseurs humains à avoir parlé de l'espace est Aristote, qui a déclaré que *"l'espace était l'inexistence du vide et le lieu en tant que position d'un corps parmi d'autres corps" (dans* Duarte & Matias, 2005 : p.191). Pour Aristote, comme l'expliquent les professeurs Duarte et Matias, l'espace est une zone à remplir par quelque chose, par un corps et plus encore, que l'un d'eux, considéré comme une référence, donne à l'autre un emplacement, ce qui amène les auteurs à la conclusion que la référence, dans cette optique, fait partie de la structure conceptuelle pour comprendre l'espace (Duarte & Matias, 2005 : p.191).

L'idée d'espace d'Aristote a influencé de nombreux penseurs depuis lors, comme beaucoup d'autres idées du philosophe grec. Dans le cas de la compréhension spatiale, Immanuel Kant l'a conçue au XVIIIe siècle comme un résultat direct des idées d'Aristote. Kant, comme le montrent Duarte et Matias, critiquait les conceptions innéistes qui considéraient la connaissance comme quelque chose d'inné chez les êtres humains et d'indépendant de la matière ; il critiquait également les empiristes qui affirmaient, au contraire, que la matière était le constituant de la raison. Pour Kant, la matière devient un fournisseur d'éléments permettant à la raison de formuler des pensées. Ainsi, pour Kant, les sens humains sont des *"instruments de perception[1] "* tant que la chose remarquée a une dimension (Duarte & Matias, 2005 : p.191). C'est cette idée qui a peut-être conduit Kant à classer l'espace et le temps parmi les *entités a priori de la* nature : l'espace était compris par le philosophe allemand comme une sorte de "contenant préexistant" et le temps comme une *entité* linéaire et constante ; tous deux *a priori de la* condition humaine.

Duarte et Matias citent un autre philosophe, Heidegger (1889-1976) : Le *Dasein (être-ai,* dans le monde) est doté d'une présence dans son *être, c'est-à-dire qu'il est un être* éminemment spatial. *En* vivant, l'*être* se (re)crée et se (ré)organise, ainsi que ses espaces, et la manière la plus puissante de définir la réalité du monde dans lequel nous vivons est peut-être la connaissance que nous en avons. Pour Sartre, l'homme quitte la rigidité d'être ce qu'il est pour se constituer dans ce qu'il veut devenir et cette liberté est le fondement de l'existence humaine, exprimée par leurs consciences qui sont toujours référencées à et *pour quelque chose, c'est-à-dire qu'être* conscient, c'est *être* conscient de quelque chose ou de quelqu'un qui n'est pas nécessairement l'*être en* question.

Les actions humaines telles que la perception, l'imagination et la possibilité sont fondamentales pour les projets des *êtres.* Pour Sartre *(Apud* Duarte & Matias, 2005 : p.192), *"dans le monde d'aujourd'hui, l'angoisse survient aussi parce qu'on refuse à l'homme la possibilité de l'angoisse en tant qu'être de choix, lui laissant l'angoisse d'être un objet".* Rappelant un troisième auteur existentialiste, le philosophe français Maurice Merleau-Ponty (19081961), Duarte et Matias affirment que l'espace n'est pas un objet réel, mais un moyen par lequel, dans la conception de Ponty, la position des objets devient possible à identifier pour l'homme, en tant qu'*être-au-monde* (Duarte & Matias, 2005 : p.192).

Selon Ruy Moreira (1982 : p.3), l'espace devrait être analysé de manière diathétique et ainsi les masques sociaux tomberaient, montrant ce qui se cache derrière la production spatiale, qui, du point de vue du géographe, est également le résultat de relations de production (sociales, de classe). Dans cette conception, la géographie serait donc une science sociale. Moreira part de l'hypothèse que l'incorporation de ce que l'on appelle l'espace physique, qu'il adopte comme synonyme de "Première Nature", un concept marxiste, dans le processus de genèse et de développement des structures socio-économiques, a conduit à la formation de la "Seconde Nature" ou "Nature Humanisée" (Marx). Ce processus a conduit les sociétés à naître, en fin de compte, de la transformation de la nature en moyens de subsistance et de production. Moreira rappelle l'une des idées fondamentales de Marx, selon laquelle, selon les termes de l'auteur,

> tant le processus de production que la distribution des biens produits sont soumis aux contraintes de la manière dont se déroulent les relations entre les classes sociales. C'est pourquoi Marx a proposé la formule selon laquelle "le moteur de l'histoire est la lutte des classes" (Moreira, 1982 : p.3).

C'est pourquoi Moreira affirme que les arrangements spatiaux découlent du processus de production et de distribution, mais aussi *"du contrôle exercé sur les relations existantes entre les classes"* (1982 : p.3). Les éléments des arrangements spatiaux ne restent pas en suspens dans l'air ou dans l'espace, mais sont insérés et reliés entre eux par la logique du mode de production social. Moreira affirme, à titre d'exemple, qu'une usine moderne ne pourrait jamais se trouver dans une conformation sociale, puisque les conditions de ces arrangements spatiaux sont substantiellement différentes et que, par conséquent, déconnecté *"de sa totalité sociale, un objet spatial et, par extension, un arrangement spatial, perd complètement son expression et sa valeur analytique de formation spatiale ou de formation économico-sociale"* (Moreira, 1982 : p.4). Les étapes sociales de la production façonnent ces arrangements spatiaux.

Selon Ruy Moreira, *"le caractère social de l'espace géographique découle du simple fait que les hommes ont faim, soif et froid, besoins physiques qui découlent de l'appartenance de l'homme au règne animal"* (1982 : p.7). Ainsi, selon le géographe, l'homme fait naître les besoins dont il est question ici par le biais d'interventions dans la "première nature" lorsqu'il se transforme par le biais du travail social (division du travail) et en transformant la nature. C'est pourquoi, poursuit Moreira, la formation spatiale est, en fait, une formation économico-sociale (Moreira, 1982 : p.7). Pour Engels, comme le rappelle Moreira, nous entrons en relation les uns avec les autres à travers des objets ou des choses (Moreira, 1982 : p.8).

La géographie classique a beaucoup travaillé sur la relation entre l'homme et l'environnement et non sur la relation entre l'homme et l'homme. Ainsi, selon Moreira, la dichotomie géographie physique - géographie humaine n'a pas de sens, car elle occulte ce qui, à son avis, est la véritable nature de la géographie, à savoir son orientation sociale (Moreira, 1982 : p.9). Dans la relation entre l'homme et l'objet, les deux ont un caractère temporel et spatial. La production d'espace se confond avec la production de biens matériels, dans la perspective marxiste adoptée par Moreira (1982:10). Dans ce processus, la production spatiale étant une reproduction, elle prend en fait un caractère de continuité (Moreira, 1982 : p.11). Ainsi, selon la position dans laquelle les hommes se placent par rapport aux moyens de production, les rapports de production seront des rapports sociaux entre égaux ou entre propriétaires et non-propriétaires, donnant lieu dans ce dernier cas à une structure sociale de classes sociales qui commandera le processus global de formation économique et sociale (Moreira, 1982 : p.12).

Les phénomènes superstructurels, c'est-à-dire ceux qui impliquent des fondements juridiques, politiques et idéologiques, découlent, selon Marx, du processus social de (re)production économique. Ce processus conduit à l'accumulation de richesses à partir d'objets de la "première nature" (eau, minéraux, etc.) afin que les objets de la "seconde nature" (bâtiments, villes, etc.), qui sont organisés et réarrangés sur la base de structures et de superstructures sociales, puissent remplir leur fonction dans l'accumulation du capital. De ce point de vue, l'espace social aurait la même origine et, en même temps, serait la condition préalable à la réalisation du processus analysé ici, défini par Ruy Moreira comme *"condition de la reproduction"* et de l'appropriation du *surtravail* (surplus) ou de la *plus-value* (1982 : p.13-14).

Pour aborder les lois fondamentales de la formation spatiale et de sa structure, Moreira prend l'exemple d'un terrain multisports. On peut y jouer au football en salle, au volley-ball, au basket-ball ou au *handball,* qui seraient, par analogie, des espaces superposés, dans les mêmes dimensions physiques, mais chacun avec sa propre organisation. Ces arrangements, en tant que phénomènes sociaux, constituent ce que Moreira appelle une "totalité sociale", à la fois économique (structurelle) et juridico-politique et idéologique (superstructurelle). Selon Moreira, ces arrangements se projettent les uns sur les autres et sur l'espace (Moreira, 1982 : p.16).

L'espace, articulé avec les instances économiques, conduit à ce que Ruy Moreira appelle *"l'arrangement spatial économique", qui est l'*expression des forces productives en tant que relations de production, et ces forces, à leur tour, sont articulées dans le processus avec les objets et les moyens de travail. Pour Moreira, lorsque la force de travail met en mouvement les moyens de production, les forces productives prennent vie et mettent tout le reste en mouvement (Moreira, 1982 : p.16). Puisque les arrangements économiques capitalistes sont inégaux et que l'espace est immergé dans ce contexte, il apparaît également inégal : l'espace reflète la structure de classe des sociétés et leurs idéologies ; l'appareil idéologique et juridico-politique de l'État est ce qui garantit ce processus d'accumulation économique (Moreira, 1982 : p.18 et 20).

La localisation et la distribution spatiale formant, selon Moreira, un couple dialectique et donc complémentaire mais contradictoire, réciproque et inséparable, cela justifie la recherche de formes d'organisation spatiale qui mettent de l'ordre dans les espaces et dans la vie sociale. Les tensions inhérentes à l'espace appellent des arrangements institutionnels et privés, ainsi que des régulations, qui s'exprimeraient dans les modes d'organisation des territoires. Ainsi, conclut le professeur, *"l'ordonnancement n'est donc pas la structure spatiale, mais la manière dont cette structure spatiale s'autorégule territorialement dans l'ensemble des contradictions de la société"* (Moreira, 2007 : p.77).

Tous les arrangements spatiaux se différencient par la spécialisation des zones en termes de production, de distribution, de circulation et de vente de biens (Moreira, 2007 : p.82). Nous incluons ici l'espace lui-même en tant que marchandise. Selon Moreira, les villes se détachent de leurs relations régionales pour former un espace planétarisé, structuré dans une nodosité où les villes s'articulent entre elles en réseau et avec des liens territoriaux de plus en plus imprécis. (...) La centralité de l'économique, de l'économique, de l'économique et de l'économique.) La centralité de l'économie, qui dans l'agencement infrastructurel est réalisée par la ville dans son rôle d'organisation des territoires par les lacs du marché, sous la forme de régions homogènes et de régions polarisées, en tant qu'agencements territoriaux spatialement et temporellement datés, est ici refondue et consolidée par les appareils juridico-politiques et idéologico-culturels selon lesquels la société civile et l'État sont organisés (2007 : p.83-84).

Le territoire, pour Moreira, est donc une découpe spatiale de la domination des uns sur les autres, à tel point que ce que l'auteur appelle " l'ordre spontané " finit par céder la place à l'ordre explicite des dominations, et qu'il peut y avoir plus d'un ordre territorial possible pour chaque société, dans chaque période historique (Moreira, 2007 : p.8586). Face aux arrangements territoriaux, *"l'espace exprime et révèle dans sa structure tout le complexe de l'asymétrie des classes"* (Moreira, 2007 : p.88).

Moreira précise cette idée lorsqu'il examine certaines conceptions de la société civile (2007 : p.88-89). Selon Norberto Bobbio, la société civile (civilisée et organisée) s'opposait à l'origine à la société naturelle, l'état de nature de Hobbes, qui était primitif et sauvage, prenant ainsi un sens politique ; c'est pourquoi certains auteurs la classent comme synonyme de l'État. Pour Rousseau, la société civile serait civilisée, mais la société naturelle, contrairement à ce que prêchait Hobbes, serait un regroupement d'hommes bons et purs, corrompus par le système, pour ainsi dire, mais certainement, comme le disait Rousseau, *"non encore divisés et inégaux par l'institution de la propriété privée"* (Moreira, 2007 : p.91). Pour Hegel, en revanche, selon Moreira (2007 : p.91), l'opposition serait entre la société civile (au sens hobbesien) et la société politique (l'Etat, proprement dit) ; l'"Universel absolu".

La société civile, dans une conception hégélienne, selon le raisonnement de Moreira (2007 : p.91), évolue vers la société politique. Pour Marx, la société civile serait la sphère des relations économiques (infrastructure), l'État étant sa sphère superstructurelle (appareil idéologique, politique et juridique). La société civile, pour Marx, serait donc l'ensemble des propriétaires privés en conflit et l'État serait, en contrepoint, le gouvernement de ces propriétaires. Pour Gramsci, la société civile se situerait également dans la sphère de la superstructure, contrairement à Marx qui la place dans l'infrastructure, car c'est là que naissent, émergent et agissent les conflits de classe, le moteur de ce processus étant l'économie ; pour le philosophe italien, la société civile serait une sorte de substrat de l'appareil idéologique, qui conduirait à la coercition ou au consensus qui garantirait l'hégémonie de la classe.

La médiation des relations politiques est assurée par l'État organisé en société politique et les intellectuels, selon Gramsci (1985-1999), jouent un rôle fondamental dans ce processus, car ils créent la culture sociale qui, transformée en idéologie, dirige la société et, par conséquent, conduit à l'hégémonie susmentionnée. Pour Hannah Arendt, l'espace privé est nécessaire pour mener à bien les activités liées au maintien de la vie individuelle et l'espace public est nécessaire pour les activités liées à la vie commune (Moreira, 2007 : p.91). Selon Moreira, la reproduction des idées de Marx,

> La modernité bourgeoise élimine la vie domestique, change la forme et le sens du privé et du public, modifie leur contenu et leur signification. (...) La frontière entre le public et le privé devient plus floue. (...) La radicalisation vient avec la société de masse : la société de la multitude indéfinie et de la vie quotidienne banalisée (...). Avec la société de masse, le privé et le public sont donc détruits (Moreira, 2007 : p.93).

Moreira (2007 : p.95) affirme que l'espace est le résultat direct des affrontements de la société civile et, pour cette raison, il naîtrait en tant qu'infrastructure, mais serait organisé et transformé par des actes provenant de la superstructure. Le géographe théorise un "contre-espace", qui serait le mode spatial par lequel les exclus et les dominés remettraient en question l'ordre spatial actuel et dominant ou, en d'autres termes, l'ordre hégémonique, et tenteraient d'établir un nouvel espace (Moreira, 2007 : p.103), à travers des ordonnancements territoriaux renouvelés, bien qu'en marge de l'officialité - dans un processus que Gramsci pourrait appeler la contre-hégémonie.

Quoi qu'il en soit, dans le processus de construction des espaces sociaux, qu'ils soient hégémoniques ou contre-hégémoniques, historiquement, les lieux et les distances ont toujours joué un rôle important dans l'organisation de l'espace, tout comme le font aujourd'hui les réseaux de circulation (des biens, des services et des personnes) et de communication (les réseaux sociaux). C'est pourquoi l'exercice du pouvoir social se manifeste dans l'espace, à travers l'action des agents sociaux les plus divers, tels que l'État (pouvoir souverain et géopolitique, pour ainsi dire), les entreprises et les mouvements sociaux, entre autres (églises, syndicats, associations de quartier, etc.), qui le construisent et sont construits par lui, d'une manière ou d'une autre et dans une certaine mesure. Gérer la société, c'est aussi gérer ses sphères et vice versa.

Ainsi, pour le géographe Marcos Aurelio Saquet, la territorialisation est le résultat de l'appropriation sociale d'une partie de l'espace qui est ainsi fragmenté (Saquet, 2015 : p.39) - bien que cet espace puisse, pourrions-nous ajouter, être réunifié par les actions des personnes et des groupes sociaux (agents). Pour cette raison, parmi d'autres arguments possibles et complémentaires, Saquet (2015 : p.39) affirme que la différence entre le territoire et l'espace est ténue et difficile à définir. Dans la foulée, Saquet (2015 : p.42) montre que " l'*espace géographique a une valeur d'usage, une valeur d'échange et est aussi un élément constitutif du territoire, politiquement et symboliquement* ", ce qui rend la relation entre espace et territoire réciproque et imbriquée, se superposant dans de nombreux cas et moments (Saquet, 2015 : p.42). L'un et l'autre ont longtemps été considérés comme des conditions de base de la reproduction sociale et comme le résultat des relations société-nature-société.

Selon Saquet (2015 : p.45), " les *forces sociales rendent le territoire effectif dans et avec l'espace géographique, centré sur les territorialités et les temporalités des individus et enchevêtré avec elles, conditionnant et étant directement déterminé par nos vies quotidiennes* ". *La* territorialisation et la déterritorialisation sont des produits directs de l'action de l'homme sur lui-même et sur la nature.

Le territoire, selon Saquet (2015 : p.51), " *a fini par être compris comme un produit des relations sociales, organisé politiquement et spatialement* " ou, pour le dire autrement, " *le territoire est un produit et un conditionneur de la reproduction de la société* " (Saquet, 2015 : p.58). Ou encore :

> La production est la première utilisation du territoire, à travers laquelle la plus-value est extraite, en d'autres termes, le territoire est substantialisé en tant que capital constant. Dans l'utilisation pour la circulation, les cycles de la relation D-M-D' ont lieu, qui dépendent de la capacité de consommation historiquement définie, à la campagne et surtout à la ville. (...) Les différents niveaux de revenus interfèrent directement dans l'utilisation et l'appropriation du territoire (...) Les relations sont liées aux conditions infrastructurelles et sont internes et externes, formant des mailles. Dans l'expansion du capitalisme, les forces productives et les relations de production donnent forme et sens au territoire (Saquet, 2015 : p.69).

Pour cette raison, les auteurs affirment qu'il existe un mode de production du territoire qui est inhérent à l'expansion capitaliste et qui est le produit de ce que Lefebvre pourrait classer comme Espace Conçu et/ou Espace Approprié. Le temps et le mode de production sont essentiels dans ce processus historique de construction de l'espace géographique. La circulation rapide et efficace des biens, des services, des personnes et des entreprises a assuré la fluidité, les transformations en sources de *plus-value* et une certaine unité, dans la diversité, des territoires du monde et, par conséquent, de l'espace géographique. Si les frontières politiques et même économiques séparent les territoires, les flux, reliés par des points fixes (villes mondiales comme Rio de Janeiro), garantissent, d'une certaine manière et dans une certaine mesure, une certaine reconnexion des objets géographiques et la diversité évoquée plus haut. Malgré cela, Saquet affirme que

> La mobilité dans le monde d'aujourd'hui n'est pas l'antithèse du lieu (dans la géographie comprise comme un synonyme d'identité), mais une force de recréation qui doit être très bien comprise et expliquée. Il existe des territoires, des réseaux et des nœuds dans la complexité mondiale, des mouvements qui n'annulent pas l'importance de la localisation : au contraire, ils renforcent les anciennes positions et contribuent à la synergie de nouvelles localisations dans un contexte ouvert et dynamique. La mondialisation elle-même génère à la fois déterritorialisation et reterritorialisation (Saquet, 2015 : p.104).

Pour Edward Soja *(Apud* Saquet, 2015 : p.111), la territorialité serait un phénomène associé à l'organisation de l'espace à différentes échelles, allant de la famille au global, se produisant à la fois au niveau individuel et au sein des groupes sociaux. En d'autres termes, pour Soja, la territorialité est le lien nécessaire entre la société, son mode de vie et son espace (créé).

REPRÉSENTATIONS TERRITORIALES ET ESPACES CITOYENS

L'autoconstitution de l'*être* individuel et du grand *être* collectif que nous analysons ici, l'*Espace urbain (UE),* ou, pour le dire autrement, l'*Unité existentielle* (la ville) et ses *Territoires existentiels,* est un processus, somme toute, fondé sur la temporalité de l'être intramondain, qui met fin au projet actuel de la conclusion de l'*être (Heidegger) ou du Néant (*Sartre *; autrement* dit, l'homme lui-même, dans son projet d'*être*), pour ainsi dire, jusqu'à ce qu'émerge un autre des projets ultérieurs de l'*être.* En termes de spatialité de l'*être,* rappelant Heidegger, c'est la présence de l'*être* devant lui-même qui fait de lui ce qu'il est, ou ce qu'il est en train d'être, comme aurait pu le dire Sartre. Nous avons la liberté de construire nos propres projets d'être, même si les conditions objectives, socialement parlant, ne garantissent pas toujours aux facteurs subjectifs et intersubjectifs les possibilités réelles de rechercher, sinon l'égalité absolue, du moins l'égalité relative prônée par Boaventura de Souza Santos, puisque, effectivement, nous ne sommes pas tous égaux.

La présence dont il est question ici, c'est-à-dire la spatialité de l'*être,* peut finalement conduire à ce que le mouvement du corps humain dans la géométrie spatiale et son interaction environnementale, symbolique et sociale soient l'un des facteurs les plus intenses de la constitution des *Territoires existentiels* susmentionnés ou, à plus grande échelle, de la constitution d'une *Géographie existentielle,* voire, en un mot, de la Géographie tout court (du moins dans une certaine manière d'essayer de saisir le phénomène humain de la constitution de l'Espace géographique).

L'*être* des *"Territoires Urbains-Existentiels",* l'entrelacement qui fait émerger le monde, matériellement ou immatériellement, la nécessité de penser ce que nous appelons la *Géographie Existentielle* (des espaces humains), se fonde sur la relation politique entre les *"Etres Politiques ou Citoyens"* et leur *"Unité Existentielle".* Dans cette recherche, nous avons essayé de définir les citoyens comme la présence d'un *être* qui ne se contente pas d'exister, mais qui se projette consciemment dans le monde et devient un être effectivement conscient de lui-même, un *être* actif dans le monde et conscient que ce monde extérieur est un *être-objet* qui n'est pas lui-même (positionnement conscient) et dont le mouvement et la relation avec les objets extra-mondains garantissent une continuité spatio-temporelle relative et divers changements dans les *Unités Existentielles des* sociétés, représentées par les villes, ce grand *"Je" collectif (Espace Urbain).*

L'*être* des *Territoires Existentiels* peut être compris, dans la perspective adoptée, en rappelant ce que nous avons dit précédemment, comme l'*"Être Politique"* ou *"Être Citoyen"* ou *"Citoyen",* une possibilité dans le devenir de l'*être qui,* lorsqu'il se perçoit comme actif, prend pour lui les mécanismes du pouvoir social et les images de la ville qu'il forme, individuellement et collectivement, en se transformant, en transformant l'autre et, par conséquent, le *monde hors de l'être* (les objets extra-essentiels). L'action politique de cet *être,* dans le jeu du pouvoir social, peut donner lieu à de multiples *"Territoires Existentiels" dans le* monde, objets spatiaux en litige, matériellement et immatériellement, dans chaque *Unité Existentielle.*

Pour Sartre, l'essentiel est ce qui est contingent dans la vie humaine et l'existence est le fait d'être présent là, dans le monde. La phénoménologie a été adoptée comme méthode pour l'existentialisme, notamment chez Sartre et Heidegger. Pour les existentialistes, le *"néant d'être"* qu'est l'homme lui procure une angoisse immanente et insoluble, ainsi que la conscience même de la mort, qui est une conscience du néant absolu (Sartre, 1997).

En opposition aux doctrines philosophiques essentialistes, telles que la scolastique médiévale, qui cherchait la nature des choses en essayant d'unir la théologie chrétienne à l'aristotélisme et au platonisme, les doctrines existentialistes prêchent que l'existence précède l'essence. Un exemple possible que Sërgio Schaefer (2006) donne, construit par Sartre, est la fabrication d'un coupe-papier. Avant de pouvoir être fabriqué, il a dû être pensé, c'est-à-dire que son essence a été préméditée par quelqu'un, doté d'une conscience qui voit et même prévoit le monde, au point de pouvoir le (re)créer artificiellement ; qui se prévoit même lui-même. Dans le cas de l'objet découpé, l'essence a précédé son existence, mais il n'en va pas de même pour l'*être doué* de conscience. Si l'homme se fait dans la mesure de son expérience, c'est parce qu'il est libre de se faire. C'est pour cette raison que Sartre affirme que la liberté est le fondement de la conscience et donc de l'homme lui-même. Pour Sartre (1997), cette conscience est intentionnelle et immanente dans ses vastes possibilités futures, toujours consciente de quelque chose et visant ce qu'elle n'est pas.

Jusqu'à présent, nous avons abordé des concepts tels que l'image et la liberté. À ce stade de notre argumentation, il convient de revenir sur le raisonnement que nous avons développé de manière un peu plus approfondie, afin de réfléchir de manière plus cohérente à la formation de notre *espace urbain (UE).*

Pour Schaefer (2006), la conscience humaine est une irréalité, parce qu'elle est fondée, comme il le dit, sur la liberté, l'espace et le temps, et aussi parce qu'elle n'est pas attachée à des choses ou à des objets ; la conscience est un processus, avant d'être une substance. La conscience voit l'*être, c'est-à-dire qu'*elle se voit elle-même, comme un objet, ainsi qu'un autre *être* comme un objet (une chose dans le monde). Ainsi, en se rappelant et en se renforçant, l'homme est un *être-en-soi, comme* expliqué jusqu'ici, différent de l'objet lui-même, puisque l'homme, dans la liberté (qui n'est pas un choix, mais quelque chose d'inhérent à la conscience), se crée lui-même, mais une pierre ne peut jamais être autre chose qu'une pierre, qui est donc un *être-en-soi* (Sartre, 1997).

Pour Sartre, selon Schaefer (2006), il n'y aurait aucune justification d'aucune sorte pour choisir un projet d'*être,* puisqu'il n'y aurait aucune base ou nécessité qui conduirait à tel ou tel choix, et c'est la raison pour laquelle Sartre ne croyait pas à l'inconscient de l'*être,* comme le prétendait le médecin autrichien Sigmund Freud (1856-1939), car cet inconscient finirait souvent, pour Sartre, par servir d'excuse à beaucoup de nos actes, ce qui nous déresponsabiliserait et, par extension, nous priverait de notre liberté, qui serait innée et non un choix. Si l'homme naît et meurt libre, selon Sartre, cette liberté serait un fait ontologique, bien que contingent. De nombreux marxistes ont contesté cette idée car, si l'homme avait toujours été libre, il n'y aurait pas lieu de lutter pour la liberté, comme le prétend Schaefer (2006), mais, citant Sartre, Schaefer rappelle la réponse du philosophe français à ceux qui pensaient ainsi : "*Si l'homme n'est pas libre à l'origine, on ne peut même pas concevoir ce que sera sa liberté. La liberté est la face objective d'une liberté subjective qui précède et rend possible toute libération*" (Schaefer, 2006).

Comme l'a montré Schaefer (2006), Sartre a accepté le " *cogito, ergo sum* " de Descartes et a donné au *cogito* un caractère éminemment existentiel. C'est pourquoi, conclut l'auteur, Sartre a dépouillé le *cogito de* son caractère purement cognitif et lui a également donné des aspects préréflexifs. Ainsi, pour Heidegger, selon Schaefer (2006), l'homme est devenu un *être-ici-dans-le-monde (Dasein).* C'est également la raison pour laquelle Sartre a soutenu que l'existence précède l'essence. Et puisque toute détermination est en même temps une négation, l'*être* (objet ; *être-en-soi)* existe comme une sorte de contrepartie au *non-être* (homme ; *être-pour-soi).* Dire qu'une chose est, c'est dire qu'elle n'est pas autre chose. Pour reprendre les termes de Schaefer (2006), "*l'homme doit être ce qu'il n'est pas, et il ne sera pas ce qu'il est*".

Schaefer (2006) affirme que Sartre s'est approprié le concept d'intentionnalité de la Phénoménologie de Husserl pour, comme il l'écrit, " *critiquer les contenus de conscience* " que défendent également la psychologie (et la psychanalyse) et les courants de pensée plus essentialistes en philosophie. D'autre part, lorsqu'on parle de perception, celle-ci viendrait à l'*être* par les sensations, c'est-à-dire par ses sens, regroupés par la conscience, qui capterait à travers eux les stimuli que les choses (les objets du monde extérieur) émettent et/ou qui sont finalement perçus par l'*être.* Mais il faut aller plus loin. La perception ne suffit pas à interpréter les phénomènes sociaux car il y a des causes et des faits qui ne peuvent pas être simplement perçus, mais on ne peut pas en conclure qu'ils n'existent pas.

Nous devons interpréter les contextes, les usages, les coutumes, les indices, les aspérités (comme les appelait Milton Santos - les "ombres matérielles" des objets du passé, en particulier des bâtiments, qui se projettent et agissent encore dans le présent, en coexistant), etc. Grâce à ce processus, une fois que la conscience a capté ces stimuli, elle les organise, les classe, les stocke et les restitue lorsque l'*être* en a besoin. Cependant, Merleau-Ponty, comme l'indique Schaefer (2006), a tenté de montrer les limites de ce processus de capture, lorsqu'il a dit que la couleur d'un objet apparaît, mais qu'elle n'est pas une capture sensorielle consciente de l'*être,* mais plutôt une qualité intrinsèque de l'objet. Le brun d'un tronc d'arbre ou sa rugosité, selon Merleau-Ponty, ne font pas partie de la conscience, ils sont toujours à l'extérieur de nous. À ce stade, selon Schaefer (2006), le concept d'intentionnalité aide à conceptualiser la conscience existentialiste parce qu'il distingue ce que Sartre appelait la conscience de tout ce dont on est conscient (objet). Les choses du monde sont perçues et/ou appréhendées et/ou imaginées par la conscience comme quelque chose d'autre qu'elle-même.

L'image mentale n'est pas, bien sûr, une miniature de l'objet dans notre conscience, un petit simulacre du réel, imaginé à l'intérieur de l'*être* ; la conscience n'est pas un contenant, pas plus que l'espace. Schaefer (2006) montre que la définition traditionnelle de l'image est celle d'une représentation, c'est-à-dire la formation consciente de l'objet absent, une sorte d'image mentale de ce qui n'est pas devant l'*être*. Afin de défaire ce concept qui, pour Schaefer (2006), ne permettrait pas une bonne compréhension de l'image, et puisque les perceptions seraient passives, selon Sartre, car elles ne capteraient que ce que l'objet présente (ses caractéristiques et propriétés), la manière de résoudre cette question du concept d'image serait de faire appel à l'imagination (Schaefer, 2006), car imaginer, c'est créer.

L'image est le résultat de la "conscience imaginante" ; Schaefer (2006) prend l'exemple de l'image d'une table, pour laquelle *"la conscience imaginante se produit en l'absence de la table. Si la table est en ma présence, j'en ai une conscience perceptive"* (Schaefer, 2006 ; p.10). Ainsi, pour clore la définition, selon Schaefer, *"l'image est une forme de conscience, une relation de conscience à l'objet qui est absent de ma perception"* (Schaefer, 2006 : p.10). La conscience (connaissance) de l'objet est ce qui permet à l'*être* de former n'importe quelle image, de manière opérationnelle et, plus important encore, intentionnelle : la conscience est intentionnelle (orientée vers l'avenir), positionnelle (par rapport à un objet) et libre (de choisir ce qu'elle veut être). Dans le cas de la conscience, comme le dit Schaefer, *"c'est le futur qui explique le présent et non le passé. Ce n'est pas le passé qui détermine le présent de la conscience et des faits psychiques. La conscience est, dans le présent, ce qu'elle postule pour l'avenir"* (Schaefer, 2006 : p.14).

Étant donné que toute conscience est *consciente de quelque chose* et qu'elle forme son image créatrice des choses du monde, de manière immanente, au-delà de ses perceptions, elle est un être vide, sans contenu, un *"rien d'être", un* flux continu de perceptions et d'images, libre de se constituer dans ses multiples projets d'*être.* La conscience est configurée au moment où l'image apparaît et, pour cette raison, le mouvement de la conscience est unique à chaque instant et s'épuise. Pour continuer à exister, la conscience se projette intentionnellement dans le futur, qui *sera le* large éventail des possibilités d'*être,* en devenant ce qu'elle désire et/ou peut être.

Tout objet physique est aussi, par nature, spatial (palpable et divisible) ; la conscience, en revanche, est temporelle et trouve en elle-même sa propre source de stimulation et d'action ; par conséquent, rien ne peut interférer avec le flux continu et temporel de cette conscience (Sartre, 1997). Comme le dit Schaefer (2006) à propos des idées de Sartre, il ne faut pas penser le temps du point de vue de l'espace, car "la *temporalité n'est pas un ensemble d'instants qui se succèdent séparés par un bref espace"* (Schaefer, 2006 : p.12). Pour Sartre, il n'y a pas de "je" qui habite la conscience, rien n'habite la conscience. Ce que la psychologie appelle le "je" est, dans cette perspective, un objet plein de contenu psychique, mais qui diffère de ce que les existentialistes appellent la conscience ; un fait psychique est donc différent de la subjectivité. Pour reprendre les termes de Schaefer :

> Le monde est spatial et non temporel. Il n'est pas régi par le temps. Seule la conscience, et ce qui lui est lié, a un passé-futur. Les choses sont temporelles. C'est moi qui mets du temps dans le monde, qui y fait des projections temporelles et temporalisantes. (...) Le temps est toujours unique, c'est un flux continu, une impulsion et non une multiplicité d'instants qui s'additionnent. (...) Rien ne sépare le futur du présent ou du passé. Pour comprendre la liberté, la dimension temporelle est essentielle. La conscience, étant intentionnelle, doit toujours être dirigée vers quelque chose. (...) Le mode d'être de la conscience est la temporalité. (...) La fin, la finalité vient au monde par la conscience, par l'homme qui est conscience (Schaefer, 2006 : p.15-16).

Cela dit, une déduction possible est, comme je l'ai déjà soutenu, que l'homme ne peut pas choisir d'être libre : il est obligatoirement libre et cette liberté nous contraint souvent, malheureusement, peut-être en raison de notre incapacité ou de notre manque de préparation.

Les choix subjectifs sont, d'une certaine manière, liés à des caractéristiques et/ou des choses objectives ou au moins sensibles. Par exemple, de nombreuses maladies surviennent parce que, selon le médecin et psychanalyste Luis Fernando Orduz, dans une interview au journal O Globo (06/07/16, page 2), les gens n'ont pas l'habitude d'exprimer correctement leurs émotions et il donne l'exemple suivant : lors d'une veillée funèbre, les deux filles du défunt sont présentes, mais seule l'une d'entre elles pleure. Peut-être que celle qui ne pleure pas gère, pour ceux qui regardent la scène, mieux son émotion que celle qui pleure, mais cela pourrait être l'inverse. Les larmes que la fille qui ne pleure pas ne verse pas, pour lui, peuvent générer une maladie psychique, par, comme nous comprenons son idée, somatisation et auto-répression. La dépression est l'une des maladies urbaines du XXIe siècle. Comme le dit Orduz, "*le corps dit ce que la parole ne peut pas dire*". *Orduz* poursuit son exemple en disant que lorsque nous sommes heureux (ou dans un certain "état neutre", dirions-nous), souvent personne ne nous demande rien, mais lorsque nous sommes tristes, cela devient vite évident.

En ce qui concerne les possibilités d'intervention sur son propre corps, Orduz montre que, selon lui, de nombreuses personnes le font parce qu'elles sont personnellement incapables de vivre des alternatives. Les jeunes, dans l'exemple du psychanalyste, doivent se comporter à l'école ; les adultes, dans la rue, sinon la répression les rattrape. Où la liberté peut-elle être totale ? Dans le corps, où les jeunes peuvent se faire des piercings*, des* tatouages, etc. Le corps, selon Orduz, est le dernier refuge. Nous faisons partie d'une *"culture voyeuriste", nous* achetons des images du corps et nous vivons des expériences qui plaisent à nos sens.

Nous sommes hédonistes, nous sommes conscience, mais nous sommes aussi corps ; nous sommes Géographie, dans le sens où nous faisons apparaître notre espace, collectivement, et nous le percevons et l'imaginons, subjectivement et intersubjectivement, dans les existences quotidiennes de nos projets d'*être*. Nous sommes Géographie lorsque nous (re)modélisons nos Unités Existentielles et leurs Territoires Urbains-Existentiels ; nous sommes Géographie lorsque nous faisons apparaître nos *Espaces Urbains (UE)* dans le monde.

La *"Géographie du corps humain ou de la corporéité"* peut contribuer, ontologiquement et méthodologiquement, à ce que la spatialité de l'*"être citoyen"* et des groupes sociaux à travers lesquels il se déplace et avec lesquels il interagit, soit un point d'attention important pour les géographes et, par conséquent, pour la recherche géographique.

RÉSULTATS PRÉLIMINAIRES
1 - Une grande partie de ce que nous théorisons dans notre recherche est liée au conflit entre l'Espago de Vivido lefebvréen et l'Espago Concepido, dont le résultat possible est

l'Espago Apropriado. L'*espace urbain (UE)* pourrait être une conséquence possible de ces affrontements et de ces interactions.

2 - L'*espace urbain (UE),* dans une conception existentialiste, peut être défini comme une relation de perception et d'échanges sensoriels, au-delà de la base physique qui structure le mode de vie de telle ou telle population, générant ainsi une relation territoriale de pouvoir, d'hégémonie et de contre-hégémonie philosophique, culturelle, politique, économique et environnementale ou, en un mot, sociale. Dans la Grèce antique, le citoyen était l'homme blanc qui avait la maîtrise des moyens de production : la terre, c'est-à-dire le territoire. Il en va de même aujourd'hui, mais nous devons comprendre le territoire d'une manière beaucoup plus large que la simple base physique de la vie des gens. Le territoire, c'est aussi le flux.

3 - Pour la plupart, les citoyens du monde capitaliste voient leur vie s'adapter secondairement aux moules préfabriqués de la "ville marchande" et de ses transactions commerciales. Ceux qui ne s'y intègrent pas sont marginalisés ou déterritorialisés. Lefebvre a déclaré que chacun a droit à la ville et à ses avantages et ne peut en être exclu. Milton Santos a dit que nous ne pouvons pas être lents dans ce monde : seul l'homme rapide est préparé pour le monde des flux. Sans cela, avec des personnes déterritorialisées, comme l'a enseigné Haesbaert, peut-être ne devrions-nous même pas parler de "citoyenneté", puisque le "citoyen" est, comme le dirait Aristote, un *être* éminemment politique *et qu'un être* politique déterritorialisé est, à tout le moins, faible. L'"*être politique"* ou le *"citoyen"* ne peut pas être déterritorialisé, sinon il perd sa raison d'être.

4 - Dans ce monde capitaliste, l'espace est standardisé, imité et devient une source de *plus-value* matérielle et immatérielle. Les villes, nos unités existentielles, et leurs espaces urbains (UE), dans la perspective existentialiste que nous adoptons dans nos recherches, ont été préparés à ce processus. Dans une même ville, plusieurs "UE" coexistent ; à Rio de Janeiro, il y a plusieurs "rivières".

5 - La territorialité, en essayant de la conceptualiser dans le cadre des concepts travaillés dans la recherche, peut être la présence d'*êtres* et de groupes sociaux (le subjectif et l'intersubjectif) dans leur relation quotidienne avec eux-mêmes et dans leur interaction avec le monde qui les entoure. Elle constitue l'identité d'un lieu, étant un lieu en soi, et (re)définit des territoires physiques et existentiels. L'histoire humaine est la condition de base pour la (re)signification des espaces sociaux, tels que les zones urbaines et leurs quartiers. Ce processus peut conduire à des *Territoires Urbains-Existentiels.*

CONCLURE, MAIS PAS DÉFINITIVEMENT

La théorie, c'est quand on sait tout et que rien ne marche. La pratique, c'est quand tout fonctionne et que personne ne sait pourquoi. Veillez à ce que votre vie ne combine pas la théorie et la pratique : rien ne marche et personne ne sait pourquoi. Sergio Porto ou Stanislaw Ponte Preta (1923-1968), journaliste brésilien

La vie est un chaos organisé et réprimé. Tostao, ancien joueur de football, ophtalmologue et chroniqueur sportif

La seule façon de découvrir les limites du possible est d'aller au-delà, vers l'impossible. Arthur Clarke (1917-2008), écrivain britannique

Tout au long de nos études post-doctorales, nous avons travaillé sur certains concepts qui seront mieux expliqués dans ce livre. Notre objectif était d'offrir une contribution théorique à la mosaïque de penseurs qui observent, analysent, ressentent, vivent, proposent des diagnostics et des solutions et mènent des actions politiques, sans négliger les individus, pour les grandes villes de ce XXIe siècle. Cependant, nous avons choisi d'anticiper ce que nous entendons par certains de ces concepts, afin que le lecteur puisse se familiariser avec la perspective que nous avons adoptée dans notre recherche.

L'une des idées maîtresses de notre thèse de doctorat en Sciences Sociales à l'UERJ, achevée en 2007, était celle d'" *Unité Existentielle* " et nous la définissons comme le lieu où un groupe de personnes existe et crée son mode de vie, car toute entité, qu'il s'agisse d'un individu, d'un groupe social ou d'une société dans son ensemble, *est* dotée d'une spatialité (Heidegger) et cela conduit à la constitution sociale d'un *Espace Urbain (UE), une entité* éminemment collective, dotée d'une personnalité et d'une éthique propres ou, en termes plus scientifiques, pour ainsi dire, de ses propres règles d'existence collective (culturelles, politiques, économiques et environnementales) et de son propre paysage artificiel, mêlé à son paysage naturel (le site urbain - et son environnement, matériel et immatériel, lui-même).

La diversité mentionnée ici peut faire de ce lieu géographique, que nous appelons ici *"unité existentielle",* une existence spatiale des groupes qui y vivent et interagissent avec lui, ce que nous appelons un *"être politique"* ou, plus communément, le *"citoyen"* et son *espace urbain (UE).* La réunion et l'amalgame de ces deux *entités, le "citoyen"* et l'*"espace urbain",* peuvent donc constituer une *"unité existentielle".*

L'*espace urbain (UE)* peut être compris comme un objet esthétique, et donc comme une *entité* qui donne du plaisir à l'*être*. Mais il convient de souligner que nous ne comprenons pas l'espace comme une *entité* "extérieure" à l'*être,* mais comme lui-même, du point de vue de l'existentialité/spatialité humaine. L'artiste Fayga Ostrower (1920-2001), dans son livre *Universes of Art* (1989), a déclaré que nous ne vivons pas dans l'espace, mais que *nous sommes l'espace*. Même au niveau linguistique, nous pouvons observer ce phénomène. Lorsque nous voulons dire que quelqu'un ne comprend pas un sujet, nous pouvons dire qu'il est "déconnecté" ou qu'il est "superficiel". En revanche, si cette personne dit quelque chose de pertinent, nous pouvons dire qu'elle a une connaissance "profonde" du sujet ou qu'elle est "au courant". *Nous sommes l'espace, de ce point de vue,* et aussi parce que, comme le dit mon amie Tatiana Mariz, professeur de russe à la faculté de lettres de l'UFRJ, *"c'est l'accueil qui fait l'espace"*. En d'autres termes, de ce point de vue au moins, ce sont les expériences des *êtres,* constitués individuellement mais vivant ensemble collectivement, qui (ré)organisent les espaces de l'existence et donc de l'expérience pour chacun d'entre nous.

Cependant, une *"Unité Existentielle",* malgré le nom que nous donnons à cette *entité* qui, dans notre recherche, a pris le synonyme de "*Ville*", n'est pas un *être* unique, monocellulaire et monolithique*, si l'on peut* dire. Cette *Unité est* en fait multiple dans ses paysages et sa culture urbaine ; elle a plusieurs parties, presque, à plusieurs moments et dans plusieurs circonstances, constituant une unité existentielle en soi, sans toutefois jamais en devenir une, et chacune de ces parties est socialement construite, ici aussi, par les groupes sociaux qui y vivent et interagissent avec elle, comme nous l'avons mentionné plus haut. Nous appelons chacune de ces parties *" Territoire Urbain-Existentiel " :* lieux de disputes concrètes et symboliques entre groupes sociaux urbains.

L'objectif général de la recherche post-doctorale en Géographie Humaine à l'Université Fédérale Fluminense (UFF), menée de mi-2016 à mi-2017, était de réaliser une étude théorique sur l'une des manières de comprendre et d'interpréter les motivations et les actions politiques des personnes dans les villes. Notre intention était également de théoriser la manière dont ces personnes peuvent participer, au moins d'un point de vue existentialiste, à la construction quotidienne de leurs territoires urbains.

En d'autres termes, l'idée de base était de développer une étude théorique et réflexive sur la manière dont, tout au long du processus de constitution de l'*"être individuel",* toujours d'un point de vue existentialiste, ce sujet collabore, activement ou passivement, pour qu'un "*être collectif*" émerge dans le monde, pour ainsi dire : l'*Espace Urbain (UE)*, contribuant à construire, de cette manière, ce que nous appelons l'*"Unité Existentielle"*, ou la Ville, et ses "*Territoires Urbains-Existentiels*".

Et ces "*Territoires Urbains-Existentiels*", ainsi classés et étudiés dans cette recherche, bien que séparés par leur existence quotidienne, sont suffisamment amalgamés pour constituer, d'une certaine manière et dans une certaine mesure, une certaine unité d'existence, valable pour tout le monde. Par exemple, on dit généralement qu'une ville universelle comme Rio de Janeiro compte plusieurs "tribus", chacune ayant son propre territoire, qu'il soit physique, symbolique ou, selon les termes que nous utilisons pour les décrire, existentiel. On peut donc dire que, d'une certaine manière et dans une certaine mesure, toutes ces "tribus" peuvent, malgré leur origine ou leur mode de vie, être classées comme "cariocas" : il existe des caractéristiques subjectives et collectives qui les unissent, dans l'existence de leur vie, faisant de Rio de Janeiro l'*"unité d'existence" des* personnes connues sous le nom de "*cariocas*".

Ces territoires ne devraient pas être planifiés et gérés uniquement sur la base de concepts de marketing et/ou de dessins, qui les considèrent comme des "*villes-marchandises*", où ce qui compte est la *plus-value du* (grand) capital. Ce phénomène fait partie du processus de construction des espaces urbains modernes. Cependant, ce n'est qu'un de ses aspects : il n'est pas, et ne peut pas être, le seul qui orientera les politiques publiques qui doivent avoir une plus grande participation des citoyens dans les phases de diagnostic, de planification, d'exécution, d'inspection et de réorganisation sociale de ces lieux.

L'un des grands maux de l'humanité, depuis longtemps déjà (peut-être pour toujours), est ce que Sartre (1905-1980) appelait l'angoisse, provoquée par le sentiment de fragilité et de finitude de la vie humaine. Un vide intérieur nous assaille et la recherche des plaisirs de la vie est insatisfaisante parce qu'incomplète : nous n'atteindrons jamais ce qui nous manque, une immortalité heureuse et pleine de buts édifiants. Mais cela ne signifie pas que nous sommes condamnés à être malheureux car, au motif qu'il n'y a pas de finalité supérieure, tout doit finir par être permis. Ce n'est pas parce que nous ne pouvons pas, comme beaucoup le voudraient, "comprendre la pensée de Dieu" ou, pour d'autres, atteindre le sens ultime et incontestable de l'existence humaine, que nous devons nous abandonner à une vie monotone et routinière, au sens de corvée quotidienne. Nous ne devons jamais nous laisser gagner par l'abattement qui aliène notre raison, émousse notre mouvement et castre l'action de l'homme. Comme le répétait Sartre, peu importe ce qu'on a fait à l'homme, ce qui compte c'est ce qu'il fait de ce qu'on lui a fait.

Nous ne devrions jamais laisser s'éteindre la lueur dans nos yeux, tout comme nous ne devrions pas essayer d'éteindre la lumière dans les yeux des autres. Notre vie est notre responsabilité et nous sommes libres d'être ce que nous voulons être. Dire que l'existence précède l'essence revient, d'un certain point de vue, à dire que Dieu n'existe pas, du moins pas dans le sens où on l'entend traditionnellement, puisque, dans cette perspective, il n'y a pas de démiurge qui donne un sens et un destin à tout. C'est un fait que personne ne peut vraiment choisir d'être exactement ce qu'il veut être, puisque nous sommes des *êtres* grecs et qu'il est impossible que tout le monde ait tout. Le dicton populaire dit que notre liberté s'arrête où et quand celle de l'autre s'arrête. En outre, d'autres facteurs nous limitent, tels que les engagements professionnels, religieux, idéologiques et moraux les plus divers, etc. qui nous empêchent d'être une chose et nous poussent à en être une autre. Cependant, consciemment du moins, la liberté existe et l'impossibilité d'exercer pleinement cette liberté, ajoutée à la finitude de l'*être,* nous angoisse, comme le disait Sartre. L'homme préfère ne pas être libre plutôt que d'assumer l'angoisse de choisir comment il va mener sa vie, face à sa liberté ; nous fuyons la liberté du choix conscient et cela tend à nous conduire à un vide existentiel qui n'a pas beaucoup contribué à la recherche de significations existentielles nouvelles et agréables pour notre vie, subjective et intersubjective.

Dans ce que de nombreux auteurs appellent la "société civile organisée", l'*espace urbain (UE)* est l'*entité* ou l'*être des territoires existentiels* qui, entrelacés, forment des *unités existentielles ou des villes,* fruits des autoconstitutions subjectives et intersubjectives des *êtres politiques* ou des *citoyens.* La constitution d'un *"contre-espace urbain",* selon la définition de Ruy Moreira, est l'un des résultats possibles de nouveaux arrangements existentiels, forgés dans des relations sociales, des plus banales à celles d'une très grande complexité, impliquant des aspects philosophiques, historiques, géographiques, environnementaux, économiques et politiques. En bref : des aspects et des caractéristiques culturels. L'Espace Conçu présenté par Henri Lefebvre, l'une des possibilités futures de matérialisation de l'Environnement Technique-Scientifique-

Informationnel idéalisé par Milton Santos, se définit par sa présence spatiale (spatialité), comme l'appellerait Martin Heidegger.

Les choses du monde existent indépendamment de nous et malgré nos représentations imaginaires. Cependant, en existant aussi dans ce monde et en le réalisant, c'est-à-dire en réalisant que nous sommes, comme une pierre, une des choses du monde, nous nous transcendons consciemment et commençons à établir une relation d'échange avec les autres choses, qui ne se transcendent pas, ce qui engendre, au cœur de l'*être,* non pas exactement en lui ou à l'intérieur de lui, mais dans sa plongée consciente en lui-même, la temporalité, dans la mesure où l'on voit la volatilité des choses du monde et de la spatialité, qui donne à l'être conscient sa présence, devant lui-même et devant le monde. L'une des manières de comprendre les espaces humains, comme l'Espace géographique, passe par les postulats existentialistes que nous avons adoptés dans notre recherche.

L'espace géographique, dans cette perspective, n'existe que parce que nous existons, qui le faisons apparaître là, dans le monde.

L'*Espace Urbain (UE), l'entité* ou l'*être* des *Territoires Urbains-Existentiels,* ne doit pas être analysé uniquement à partir d'une perspective officielle, mais aussi, et nous croyons surtout, à travers l'action contre-hégémonique de ceux qui font émerger dans le monde les perceptions spatiale et les imaginations qu'ils génèrent, bien au-delà des Espaces Conçus, des Espaces Appropriés alternatifs, qui empêchent, par l'existence collective, ou du moins inhibent, la formation du déterritorialisé qui a émergé des réflexions de Rogërio Haesbaert. Ce processus est un résultat direct de l'idéologie hégémonique et/ou contre-hégémonique qui prévaut dans les lieux de l'homme. Par idéologie, nous n'entendons pas une liste pré-moulée de contenus significativement rigides et fixes qui gouvernent la société, mais ce qu'Eliseo Veron a appelé la grammaire d'engendrement des significations sociales. Ce sont ces sens et leurs significations qui forgent et forment l'homme et ses espaces.

Comme l'a dit Fayga Ostrower, et je vous le rappelle une fois de plus, en plus d'être dans l'espace, nous sommes l'espace lui-même, ce qui donne raison au professeur Tatiana Mariz lorsqu'elle dit que c'est l'accueil qui fait l'espace. Si l'accueil est bon et organisé, fruit d'une société libre, juste, fraternelle, solidaire et organisée, l'*espace urbain (UE) le* sera aussi. En revanche, si nous sommes confrontés au contraire, ce qui se passera sera la conclusion de l'as Tostao : nous vivrons dans une ville où règne le chaos, plus ou moins réprimé, en fonction du moment historique et des groupes qui hégémonisent les *Territoires Urbains-Existentiels à ce moment-là.*

Si nous voulons aller au-delà du fait apparent et des interventions uniquement dans la dimension géométrique de l'espace urbain des grandes villes, qui n'enrichissent que les détenteurs de capitaux et/ou les mécanismes de pouvoir de la société en question, comme nous l'a indiqué Arthur Clarke, nous devons aller jusqu'à l'infini et au-delà : Nous devons aller le plus profondément possible en nous-mêmes et, en regardant vers l'intérieur, en nous percevant comme un univers infini beau et complexe, mais fermé sur nous-mêmes, nous pouvons faire émerger de nouveaux projets d'*être* dans le monde ou, comme on les appelle en sciences politiques, de nouveaux citoyens.

Nos espaces sont hédonistes, pour ainsi dire, parce que nous sommes hédonistes ; nous sommes conscience, mais nous sommes aussi corps ; nous sommes Géographie, dans le sens où nous faisons émerger notre espace, collectivement, et nous percevons le monde, avec ses relations spatio-temporelles et nous l'imaginons, subjectivement et intersubjectivement, dans les existences quotidiennes de nos projets d'*être*. Nous sommes *Géographie* lorsque nous (re)façonnons nos *Unités Existentielles* et leurs *Territoires Urbains-Existentiels ;* nous sommes Géographie lorsque nous faisons apparaître nos *Espaces Urbains (UE)* dans le monde.

Le Mahatma Gandhi (1869-1948), la "grande âme" de l'Inde, avait coutume de dire qu'il ne sert à rien d'avoir la tête pleine si le cœur est vide, et il ajoutait que la connaissance ne sert qu'à améliorer la vie des gens. Comment ne pas être d'accord ? Et comment y parvenir dans les *unités existentielles de* ce 21e siècle ? C'est un défi pour le monde universitaire et, plus encore, pour la citoyenneté.

BIBLIOGRAPHIE ET SUGGESTIONS D'ÉTUDES COMPLÉMENTAIRES

ABRAMO, Pedro. **Mercado e Ordem Urbana - Do chaos a teoria da localizagao residential**. Rio de Janeiro : Bertrand Brasil, 2001

ABREU, Mauricio de A. **Evolugao Urbana do Rio de Janeiro**. Rio de Janeiro : Zahar, 1988

. **Géographie historique de Rio de Janeiro (1502-1700)**. Rio de Janeiro : IPP,2011

ABREU, Mauricio de A. **Sobre a memoria das cidades**. *In :* Territorio Magazine (3) 4. Rio de Janeiro : LAGET/UFRJ - Garamond, pp. 5-26, 1998

BACHELARD, Gaston. **L'intuition de l'instant**. Campinas, SP : Verus, 2007

BECKER, Bertha. K. &SANTOS, Milton. **Territorio, territorios - ensaios sobre o ordenamento territorial**. Rio de Janeiro : Lamparina, 2007

BETTANINI, Tonino. **Espace et sciences humaines**. Rio de Janeiro : Paz e Terra, 1982

BIRMAN, Joël. **Malaise aujourd'hui - La psychanalyse et les nouvelles formes de subjectivation**. 3.ed. Rio de Janeiro : Civilizagao Brasileira, 2001

BRAGA, Rhalf Magalhaes. **L'espace géographique : un effort de définition**. Magazine GeoUsp - Espace et temps. Sao Paulo : 2007. Numéro 22, pages 66-72

BOBBIO, Norberto. Roberto D'Alimonte. **Dicionario de Ciencia Polftica**. Brasilia : Edunb, 1992

BOURDIEU, Pierre. Le **pouvoir symbolique**. Rio de Janeiro : Bertrand Brasil, 1998

CAMPOS, Andrelino de Oliveira. **Programme Favela-Bairro : les nouveaux logements peuvent se trouver dans une autre favela**. In : Revista Fluminense de Geografia, n.2. Niteroi : AGE, p.28-36, 1998

. **La dépolitisation du discours ségrégatif face aux politiques d'urbanisme de la métropole**. In : SILVA, C. A. da *et allii*. (Orgs.). *Métropole : Gouvernement, société et territoire*. Rio de Janeiro : DP&A/FAPERJ, pp. 171-192, 2006

. **Origines, expansion et (dé)construction de l'espace des favelas à Rio de Janeiro : une citoyenneté absente Rio Urbano**, Revista da Regiao Metropolitana do Rio de Janeiro, numéro 1, pp. 22-31, 2000

CASE, Paulo. **La ville dévoilée - réflexions et polémiques sur l'espace urbain, ses mystères et ses fascinations**. Rio de Janeiro : Ediouro, 2000

CASTELLS, Manuel. **La question urbaine**. Rio de Janeiro : Paz e Terra, 1983

CASTRO, Ana Maria de & Dias, Edmundo F. Les **classes sociales**. *In* : Introduction à la pensée sociologique. Rio de Janeiro, Eldorado, pp.176-195, 1981

CASTRO, Ina Elias de ; CORREA, Roberto Lobato &GOMES, Paulo Cesar da Costa.Org. **Geografia : Conceitos e temas**. Rio de Janeiro : Bertrand Brasil, 1995

CEREZER, Cristiano ; FLORES, Ana Paula Marquesini &ZANARDI, Isis Moraes. **Introduction aux études heideggeriennes d'Être et temps : un renouvellement**

contemporain de la question intime de l'être. Revue Thaumazein, Année V, Numéro 09, Santa Maria (RS) : Juin, 2012, p.67-79

CORREA, Roberto Lobato. **L'espace urbain**. Sao Paulo : Atica, 1989

. **Situation initiale de l'immigrant dans la ville : le cas de Rio de Janeiro**. *In :* Revista Brasileira de Geografia, numéro 38. Juillet / septembre 1976. p.116-121

. **L'espace urbain**. Sao Paulo : Atica, 1989

CHRISTOFOLETTI, Antonio. **Les caractéristiques de la nouvelle géographie**. *In* : Perspectives de la nouvelle géographie. Sao Paulo, Difel, Atica, pp. 71-101, 1982

DEAK, Csaba &SCHIFFER, Sueli Ramos. **Le processus d'urbanisation au Brésil**. Sao Paulo : Edusp, 1999

DUARTE, Matusalem de Brito & MATIAS, Vandeir Robson da Silva. **Réflexions sur l'espace géographique à partir de la phénoménologie**. Revue Caminhos de Geografia (www.ig.ufu.br/revista/caminhos.html). Octobre 2005

DUDOGNON, Aurélia. **L'imaginaire ou la nadification du monde chez Jean-Paul Sartre**. Revue *Performatus,* numéro 8, année 2, numéro 8, janvier 2014.

FERRAZ, Hermes. **Philosophie urbaine**. Sao Paulo : J. Scortecci, 1997

FERREIRA, Marieta de Moraes. Coordinatrice. **Rio de Janeiro : une ville dans l'histoire**. Rio de Janeiro : Fondation Getulio Vargas, 2000

FIORI, Jose Luis. **États et monnaies dans le développement des nations**. Collection Zéro à Gauche. 3.ed. Petropolis, RJ : Vozes, 1999

GOLDMANN, Lucien. **Sciences humaines et philosophie - Qu'est-ce que la sociologie ?** Rio de Janeiro : Bertrand, 1993

GOTTDIENER, Mark**. La production sociale de l'espace urbain**. Sao Paulo : EDUSP, 1997

GRAMSCI, Antonio. **Cahiers de** prison. Rio de Janeiro : Civilisation brésilienne, 1999

. Les **intellectuels et l'organisation de la culture**. Sao Paulo : Circulo do Livro, 1985

HALL, Peter. Les **villes de demain - Une histoire intellectuelle de la planification urbaine au 20e siècle**. Sao Paulo : Perspectiva, 1995

HARVEY, D. **Postmodern Condition**. Sao Paulo, Loyola, 1993

HEIDEGGER, Martin. **L'être et le temps**. Partie I. 3.ed. Petropolis, RJ : Vozes, 2002

HELLER, Agnes. **Vie quotidienne et histoire**. Rio de Janeiro : Paz e Terra, 1992

JAMESON, Frédéric. **Espace et image - Théorie du postmoderne**. Rio de Janeiro : UFRJ, 1994

JACQUES, Paola Berenstein. **Estetica da ginga - l'architecture des favelas à travers l'œuvre d'Helio Oiticica**. Rio de Janeiro : Casa da Palavra, 2001

JOAO DO RIO. **L'âme enchanteresse des rues**. Rio de Janeiro : Département municipal de la culture, 1987

LARAIA, Roque de Barros. La **culture - un concept anthropologique**. Rio de Janeiro : Zahar, 2000

LEFEBVRE, Henri. **La révolution urbaine**. Belo Horizonte : UFMG, 1999

. **La production de l'espace**. Paris : Economica, 2000

. **La ville de la capitale**. Rio de Janeiro : DP&A, 2001

LEFEBVRE, Henri. **Espace et politique - Le droit à la ville II**. Paris : Economica, 2001

LE CORBUSIER. **Lettre d'Athènes**. Sao Paulo : Hucitec - Edusp, 1993

. **Planification urbaine**. Sao Paulo : Perspectiva, 1984

LESSA, Carlos. **O Rio de todos os Brasis (Une réflexion à la recherche de l'estime de soi)**. Rio de Janeiro : Record, 2000

LIPOVETSKY, Gilles ; CHARLES, Sébastien. Les **temps hypermodernes**. Sao Paulo : Barcarolla, 2004

LOPES, Alberto. **La ville au-delà de la forme : la liberté comme fondement de la (re)forme urbaine au Brésil**. Revista de Administragao Municipal - Ibam, année 49, n. 244, 2004

LUCHIARI, Maria Tereza Duarte Paes. **La (re)signification du paysage à l'époque contemporaine**. *In :* CORREA, Roberto Lobato ; ROSENDAHL, Zeny. Paysage, imagination et espace. Rio de Janeiro : Eduerj, 2001

LYNCH, Kevin. **L'image de la ville**. Sao Paulo : Martins Fontes, 1997

MAGALHAES, Sergio. **A propos de la ville : logement et démocratie à Rio de Janeiro**. Sao Paulo : Pro Editores, 2002

MENHEM, Claudia Teixeira Fares (Org). **Développement urbain dans la région métropolitaine de Rio de Janeiro**. Rio de Janeiro : FUNDREM, 1978

MILLEO, Jose Carlos. *In :* GALVAO, Carlos Fernando &MILLEO, Jose Carlos. **Pratique réelle de l'enseignement et pratique idéale de l'enseignement**. Curitiba : Editora CRV, 2010

MORAES, Antonio Carlos Robert ; COSTA, Wanderley Messias da. **Geografia critica : a valorizagao do espago**. 4 ed. Sao Paulo : Hucitec, 1999

MORENO, Julio. **L'avenir des villes**. Sao Paulo : Senac, 2002

MOREIRA, Ruy. **La géographie sert à dévoiler les masques sociaux**. *In :* Geografia : Teoria e Critica - O saber put em questão. Moreira, Ruy (Org.). Petropolis : Vozes, 1982

MOREIRA, Ruy. **O Espaco e o Conta-Espaco : as dimensões territorials da sociedade civil e do Estado, do privado e do público na ordem espacial burguesa**. *In :* SANTOS, Milton & BECKER, Bertha K. Territorio, territorios - ensaios sobre o ordenamento territorial. 3.ed. Rio de Janeiro : Editora Lamparina, 2007

MOTTA, Aydano Andre ; MALTA, Pedro Paulo. Sao Sebastiao au 21e siècle. **Urbana - ville** *I*

idées *I* avenir *I* société. Année 1, numéro . Rio de Janeiro : Institut Lumière, 2002
MOTTA, Marly Silva da. **Guanabara, l'État-capitale**. In : FERREIRA, Marieta de Moraes
(Coord.). Rio de Janeiro : une ville dans l'histoire. Rio de Janeiro : Fondation Getulio Vargas,
2000

NUNES, Edson. **Types de capitalisme, instituts et action sociale.** *In* : A gramatica politica do
Brasil : clientelismo e insulamento brocratico. Brasilia (DF) : ENAP, 1997

NUNES, Guida. **Rio Metropole de 300 favelas**. Petropolis, Vozes, 1976

ORLANDI, Eni P. (Org.). **Cidade atravessada : os sentidos públicos no espaco urbano.**
Campinas : Pontes, 2001

OSTROWER, Fayga. **Univers d'art**. Sao Paulo : Editora Campus, 1989

PEREIRA, Geraldo Jordao. **O Rio de Janeiro do bota-abaixo.** Rio de Janeiro : Salamandra,
1997

PIAGET, Jean. **Le structuralisme**. Sao Paulo : Difel Editora, 1979

POULANTAZAS, Nicos. **L'État, le pouvoir, le socialisme.** Rio de Janeiro, Graal, 1985

PRETECEILLE, Edmundo & Valladares Licia. **Inégalité parmi les pauvres - favelas, favelas.** *In*
: Henrique, Ricardo (Org.) Desigualdade e pobreza no Brasil. Rio de Janeiro / Brasilia, IPEA, pp.
459-485, 2000.

RAMOS, Jair de Souza. **Dos Males que vem com o sangue : as representacoes raciais e a
Categoria do imigrante indesejavel nas concepções sobre imigracao da decada de 20.** *In* :
Maio, Marcos Chor & Santos, Ricardo Ventura. Race, science et société. Rio de Janeiro,
Fundacao Fiocruz/Centro Cultural Banco do Brasil, pp. 59-82, 1998.

RIBEIRO, Darcy. **O povo brasileiro : a formacao e o sentimento do Brasil**. Sao Paulo :
Companhia das Letras, 1996

RODHEN, Huberto. **L'esprit de la philosophie orientale**. Sao Paulo : Martin Claret, 2008

ROLNIK, Raquel ; SOMEKH, Nadia. **Gouverner les métropoles : les dilemmes de la
recentralisation.** Rio Urbano - Revista da Regiao Metropolitana do Rio de Janeiro, Rio de
Janeiro : Fundacao Centro de Informacoes e Dados do Rio de Janeiro (CIDE), 2002.

SANTOS, Milton. **La nature de l'espace**. Sao Paulo : Hucitec, 1997

. **Penser l'espace de l'homme**. Sao Paulo : Hucitec, 1986

. **L'espace citoyen**. 3.ed. Sao Paulo : Nobel, 1996

. **Espace et méthode**. Sao Paulo, Nobel, 1988

SANTOS, Milton. La **pauvreté urbaine**. Sao Paulo, Hucitec/Anpur, 1982

. **Technique - espace - temps** : la mondialisation et l'environnement de l'information technico-
scientifique. Sao Paulo : Hucitec, 1994

SANTOS, Milton &BECKER, Bertha. **Territorio, Territorios - ensaios sobre o ordenamento**

territorial. Rio de Janeiro : Lamparina, 2007

SANTOS, Milton &SILVEIRA, Maria Laura. **Brésil : territoire et société à l'aube du XXIe siècle.** 3.ed. Rio de Janeiro : Editora Record, 2001

SAQUET, Marcos Aurelio. **Pour une géographie des territorialités et des temporalités - Une conception multidimensionnelle au service de la coopération et du développement territorial.** 2.ed. Rio de Janeiro : Consequencia, 2015

SARTRE, Jean-Paul. **L'être et le néant : essai d'ontologie phénoménologique.** Pétropolis : Vozes, 1997

SCARLATO, Francisco Capuano. La **population brésilienne et l'urbanisation.** *In :* ROSS, Jurandyr L. Sanches (Org.). Géographie du Brésil. Sao Paulo : Edusp, 2001

SCHAEFER, Sergio. **Intentionnalité et conscience dans la conception philosophique de Sartre.** http://www.unisc.br/portal/images/stories/mestrado/letras/coloquios/ii/intencionalidade consciencia.pdf, 2006

SILVA, Armando. **Imaginaires urbains.** Sao Paulo : Perspectiva, 2001

SILVA, Benedicto (Org.). **Dicionario de ciencias sociais.** 2.ed. Rio de Janeiro : Fundagao Getulio Vargas, 1987.

SILVA, Catia Antonia da ; CAMPOS, Andrelino &MODESTO, Nilo Sergio d'Avila. **Pour une géographie des existences : mouvements, action sociale et production d'espace.** Rio de Janeiro : Consequencia, 2014

SOJA, Edward W. **Géographies postmodernes.** Rio de Janeiro : Jorge Zahar Editor, 1993

SCHOPENHAUER, Arthur. **Le monde comme volonté et représentation.** Rio de Janeiro, Contraponto, 2001

SOUZA, Marcelo Lopes de. **Mudar a cidade : uma introdução ao planejamento e a gestao urbanos.** Rio de Janeiro : Bertrand Brasil, 2002

SOUZA, Marcelo Lopes de. **Le territoire : espace et pouvoir, autonomie et développement.** *In* : Castro, Ina Elias *et alli* (Orgs.). Géographie ; concepts et thèmes. Rio de Janeiro, Bertrand Brasil, 1995

. **Quelques considérations sur l'importance de l'espace pour le développement social.** *Dans* : Revue Territorio (2)   3. Rio de Janeiro, LAGET/UFRJ : Garamond, pp. 14-35, 1997

. La **planification et la gestion des villes dans une perspective autonomiste.** *In* : Revue Territorio. Rio de Janeiro, LAGET/UFRJ/CNPq, pp.67-100, 2000

SOUZA, Marcelo Lopes de. **Le défi métropolitain.** Rio de Janeiro, Bertrand Brasil, 2000

. **Urbanisation et développement dans le Brésil d'aujourd'hui.** Sao Paulo : Atica, 1996

VASCONCELOS, Pedro de Almeida. **La ville de la géographie au Brésil.** *In :* CARLOS, Ana Fani Alessandri. Les chemins de la réflexion sur la ville-urbaine. Sao Paulo : Edusp, 1994

VASQUEZ, Adolfo Sanchez. **Invitation à l'esthétique**. Rio de Janeiro : Civilizacao Brasileira, 1999

VEIGA, Jose Eli da. **L'illusion du Brésil urbain**. Revista Urbana - ville / idées / avenir / société. Année 1, numéro 1, biannuel. Rio de Janeiro : Institut de la lumière, 2002

VERON, Eliseo. **La production de sens**. Sao Paulo : Cultrix, 1980

VERISSIMO, Francisco Salvador ; BITTAR, William Seba Mallmann & Alvarez, Jose Mauricio. **Vida Urbana - l'évolution de la vie quotidienne dans la ville brésilienne**. Rio de Janeiro : Ediouro, 2001

WERLEN, Benno. **Régionalisme et société politique**. *In* : GEOgraphia. Volume 2. Numéro 4. Niteroi : UFF, 2000